唯美雅致的手编绳结

［日］田中年子　著　王靖宇　译

河北科学技术出版社

前言

绳结，又名“花结”，是一种用手将一根绳结出花、蝴蝶、纹路等的传统技艺。

在没有道具和机械的时代，人们用手把树皮和草揉在一起做成绳子，应用在生活用具和武器上。不仅如此，绳子还发挥着记录数字、标记、暗号与文字的作用。在古代，有助于人们的日常生活的绳结是神圣的。人们相信神灵的心灵会寄居于结扣而尊敬绳结。

随着佛教东渡，装饰在佛前的精致的绳结也传到日本，不久之后就发展成为复杂的“花结”。由于花结是平安时代贵族女性所必备的一般修养，她们把漂亮的绳结应用于服饰、几帐、帘子、文件箱等。花结，在镰仓时代运用于盔甲、刀剑等武器，在室町时代则随着能剧、狂言、香道、茶道、花道的流行被广泛使用。

我对花结产生兴趣的开端是流行于室町时代的茶道的封印结（60页）。一根绳子就能结出各种各样的形状，这种不可思议的魅力深深地打动了我，从那时候起，我一直坚持学习。

本书将平安时代点缀日常生活的花结以符合现代生活的方式予以介绍。我在这里推荐的只是一小部分，我想通过各种尝试，玩法也会越来越多。如今仍有这样的说法，自己做的绳结作品装饰在房间里可以祛邪、戴在身上可以招福。

田中年子

目录

作者简介

田中年子

绳结艺术家。出生于日本滋贺县。1964年至1991年在绳结研究家兼茶道家桥田正园氏门下学习茶道与绳结，后以绳结艺术家的身份独立。现任日本结文化学会副会长。在国内外均开办过作品展。她将现代生活的要素加入到传统花结技巧中，创出新颖的作品风格。现居住于滋贺县东近江市，在东京、静冈、滋贺、京都、大阪均开设教室。

微信公众号

书中缘

抖 音

书中缘图书旗舰店

小红书

书中缘旗舰店

北京书中缘图书有限公司出品
销售热线：（010）64438419
商务合作：（010）64413519-817

只要记住一种结法，马上就可以应用

本书介绍的基本绳结有12种，从中选出自己喜欢的试着打打看。打好一个之后，请试着将它挂在U形发卡、扁平发卡、别针上吧。既可以用作发饰，也可以当做书签，还可以用于礼物的装饰。即使一开始打得不太好，但是亲手打成的绳结，会带有打结人的温暖。

Part 1

绳状的结

Line

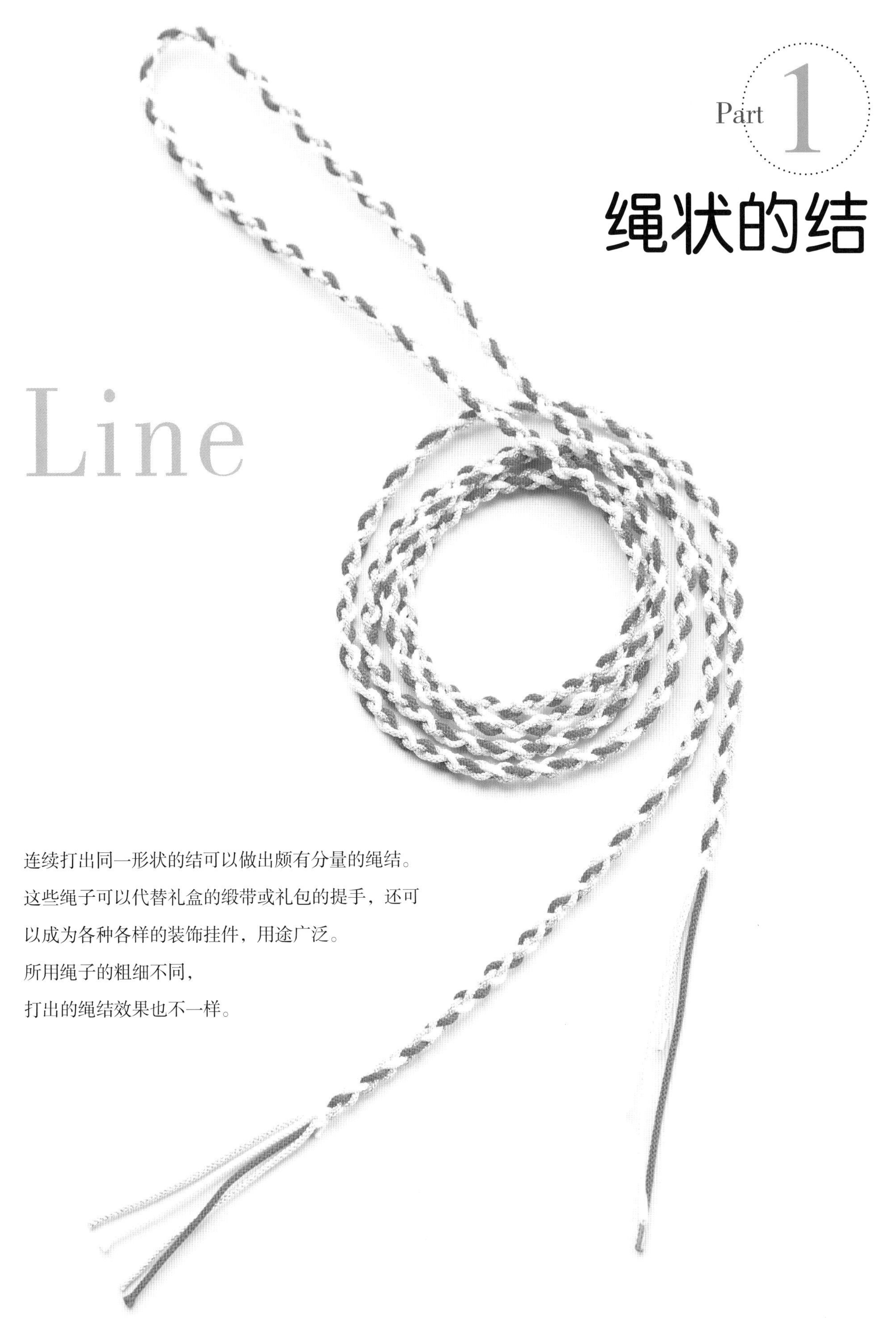

连续打出同一形状的结可以做出颇有分量的绳结。
这些绳子可以代替礼盒的缎带或礼包的提手，还可以成为各种各样的装饰挂件，用途广泛。
所用绳子的粗细不同，
打出的绳结效果也不一样。

绳状的结1

左右结

一种将两根绳子左右交互相缠的、朴素的绳结。
要领是每次打结时系紧结扣。
推荐使用艺术包装带和背带。

❖左右结的打法示意图在 89 页

用粗1.5mm的绳结成的左右结的装饰绳

用粗1.5mm的绳子打结时，打30cm的绳结大约需要长200cm的绳子。

1

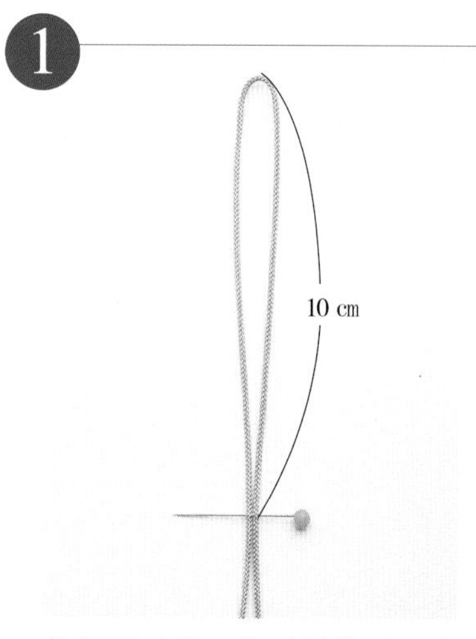

将绳子对折，将对折的那一头朝上。在离中心10cm左右的地方插入一枚大头针做记号，也可以剪去上面的对折部分。

2

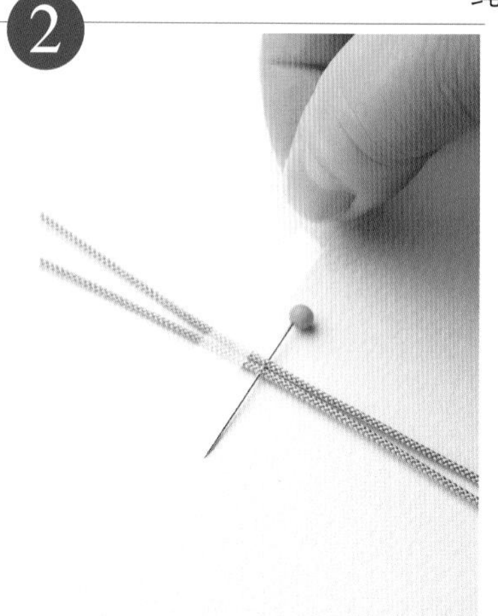

用透明胶将两根绳子固定住，以便于打结。

3

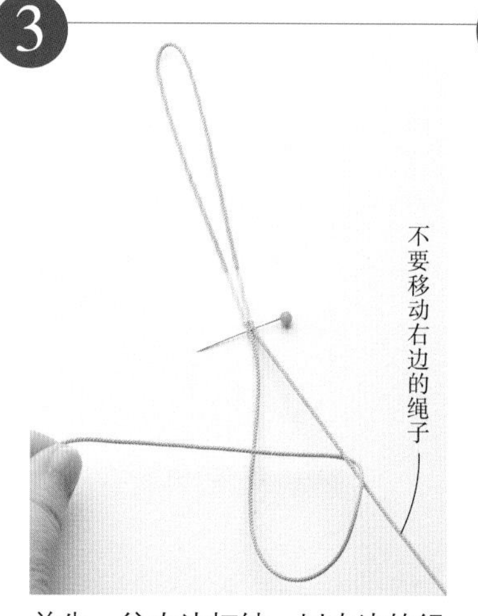

首先，往右边打结，以右边的绳子为芯，将左边的绳子缠上右边的绳子。

4

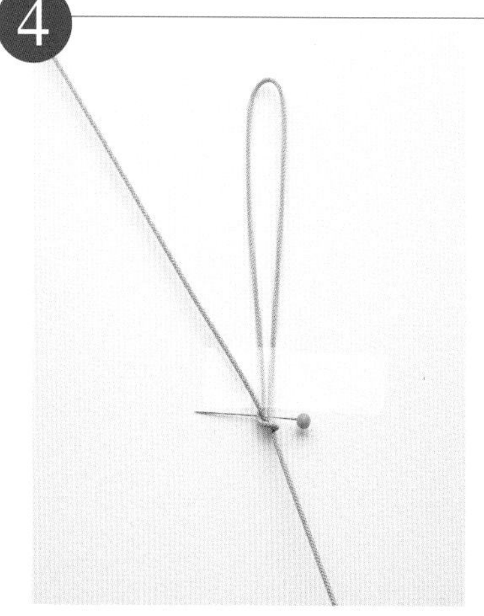

将右边的绳子拿稳，把左边的绳子往上拉，结出结扣。

5

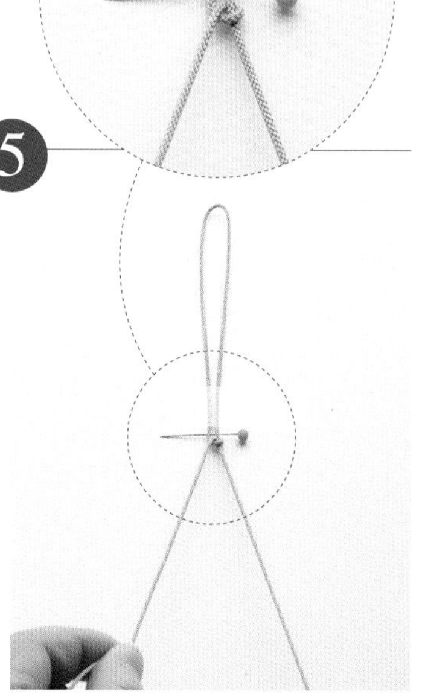

把左边的绳子往下拉时，右边的结扣已结好。

6

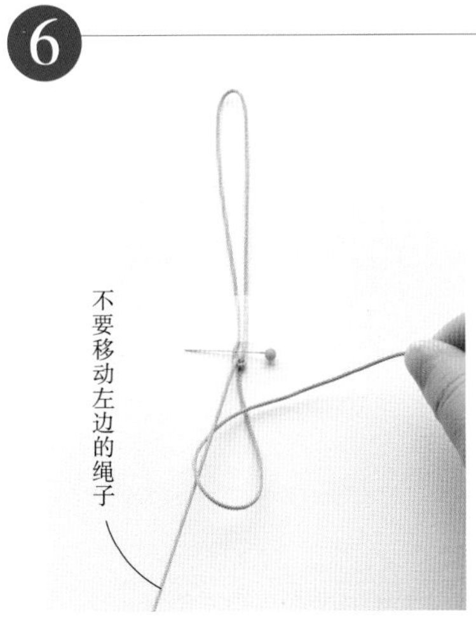

接下来往左边打结，以左边的绳子为芯，将右边的绳子缠上左边的绳子。

7

将左边的绳子拿稳，把右边的绳子往上拉，结出结扣。

8

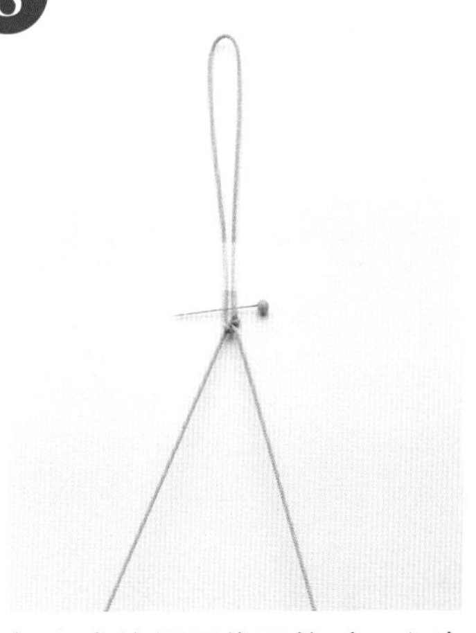

把右边的绳子往下拉时，左边的结扣已结好。

9

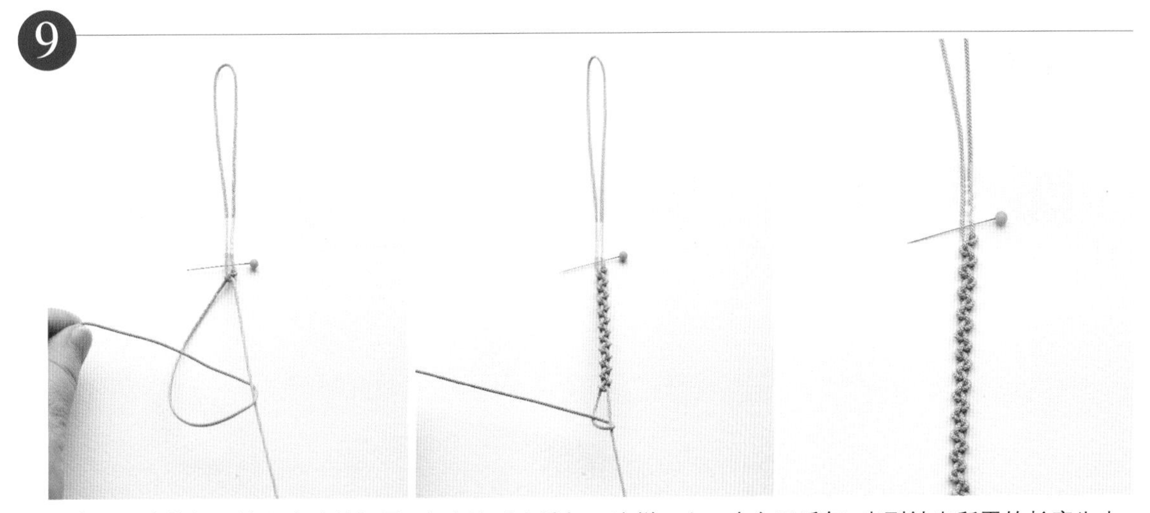

再次用左边的绳子缠上右边的绳子，在右边系出结扣。这样一左一右交互重复，直到结出所需的长度为止。

绳状的结2

细小结

细小结的含义是“细而小的结”，它是用于把2根绳并为1根绳等情况时的一种非常方便的连接绳结。可单独打结，也可连续打结，享受各种结法带来的乐趣。

❖细小结的打法示意图在 89 页

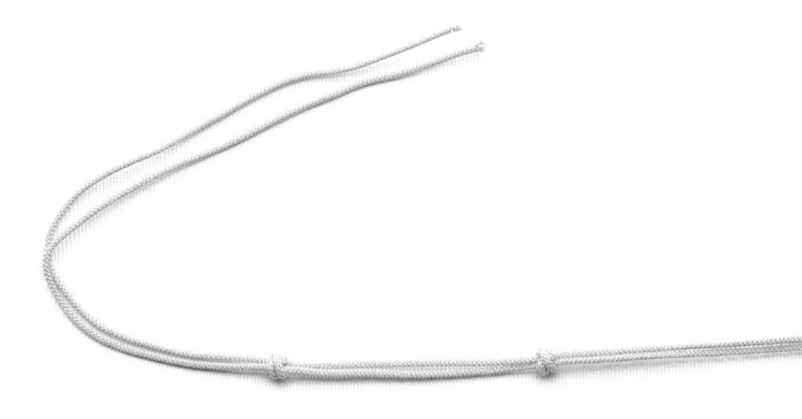

用粗1.5mm的绳子打出等距离的细小结的装饰绳。结连续的30cm绳结时，大约需要360cm长的绳子。

1

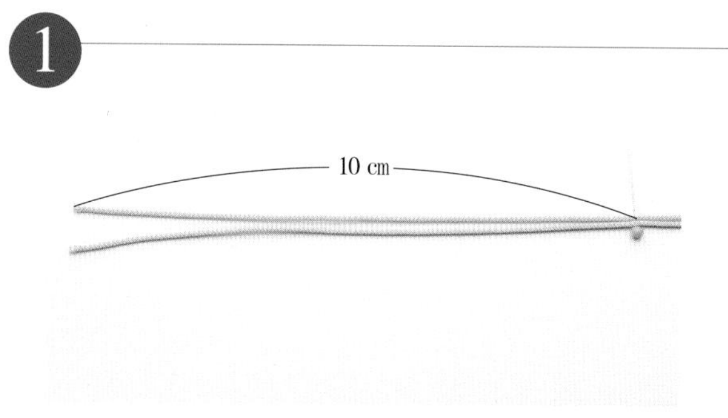

将绳子对折，并将对折的那一头朝左。在从左端开始的10cm左右的地方插上大头针并剪断对折处的绳环。

2

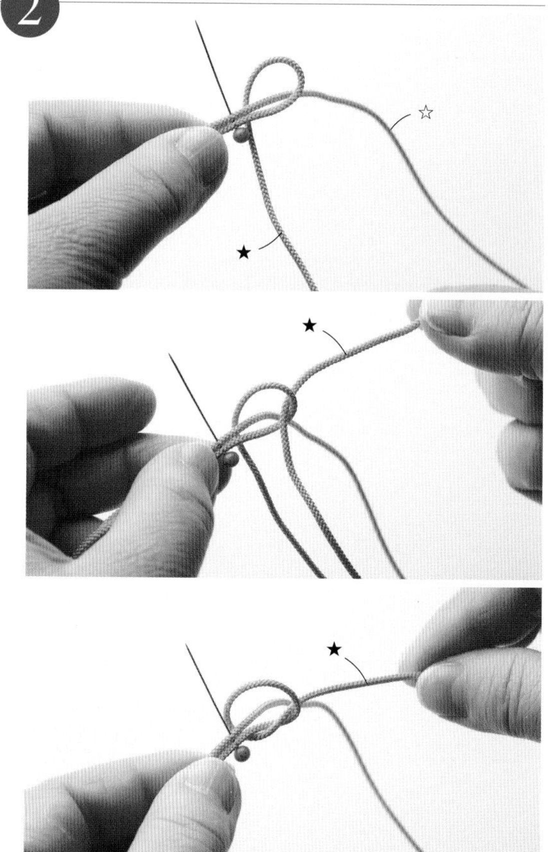

将下面的绳子（★）跨过上面的绳子（☆）再从下往上穿过绳环。

3

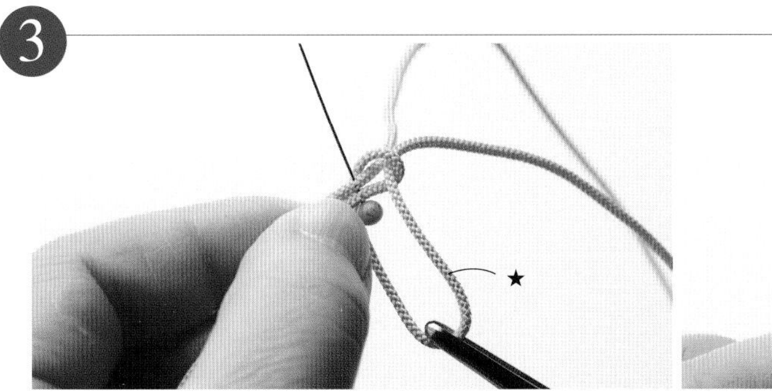

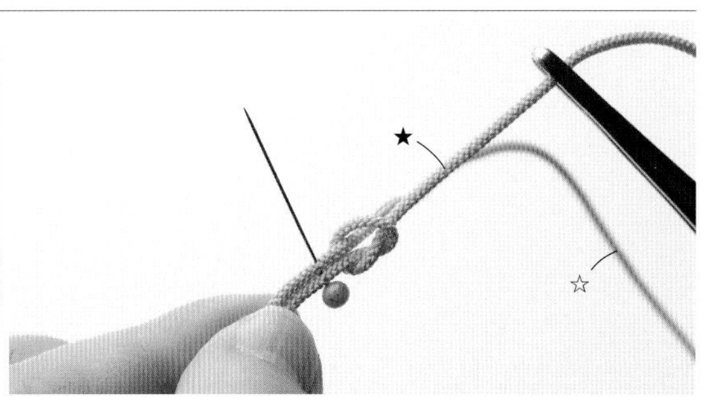

拉动下面绳子（★）的松弛部分并系紧。

4

把（☆）和（★）都从下面穿出来，斜着挂在结扣处，并使其从内向外穿过结扣。

❖绳子难以穿过结扣时可以用小镊子来松动结扣，然后再穿。

5

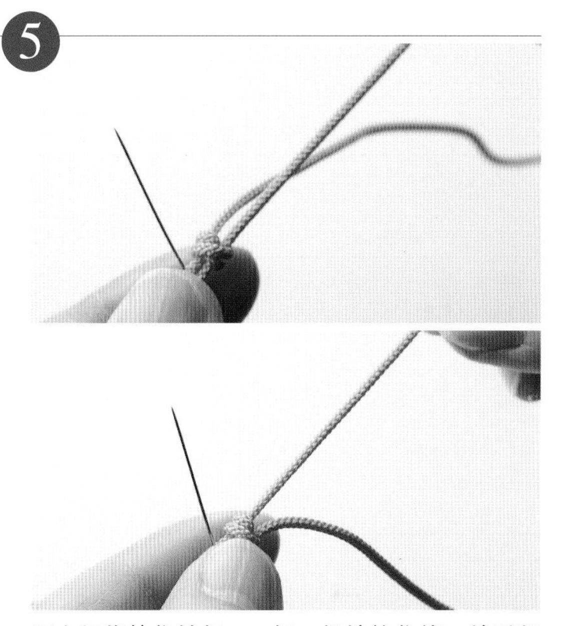

用大拇指按住结扣，一根一根地拉住线，并系紧松动的地方。

6

这样细小结打好了。正面和背面的结扣都会呈现出X符号的形状。连续打结时不空出间隔重复打结。需空出间隔时，用刻度尺测量距离后打出等距离的结，这样打好后的绳结会很美观。

绳状的结3

角结

形状像棍子的绳结，截面有圆形的和四方形的两种。两种绳结一开始的打法相同，中途改变打结的顺序不同。这里介绍圆形的角结。

❖角结的打法示意图在 90 页

圆形角结，用粗1.5mm的绳子打出，打好后绳结会变粗。

用不同颜色的绳子来打结比较有意思。

用粗1.5mm的绳子打结时，打10cm的结需要两根1m长的绳子。

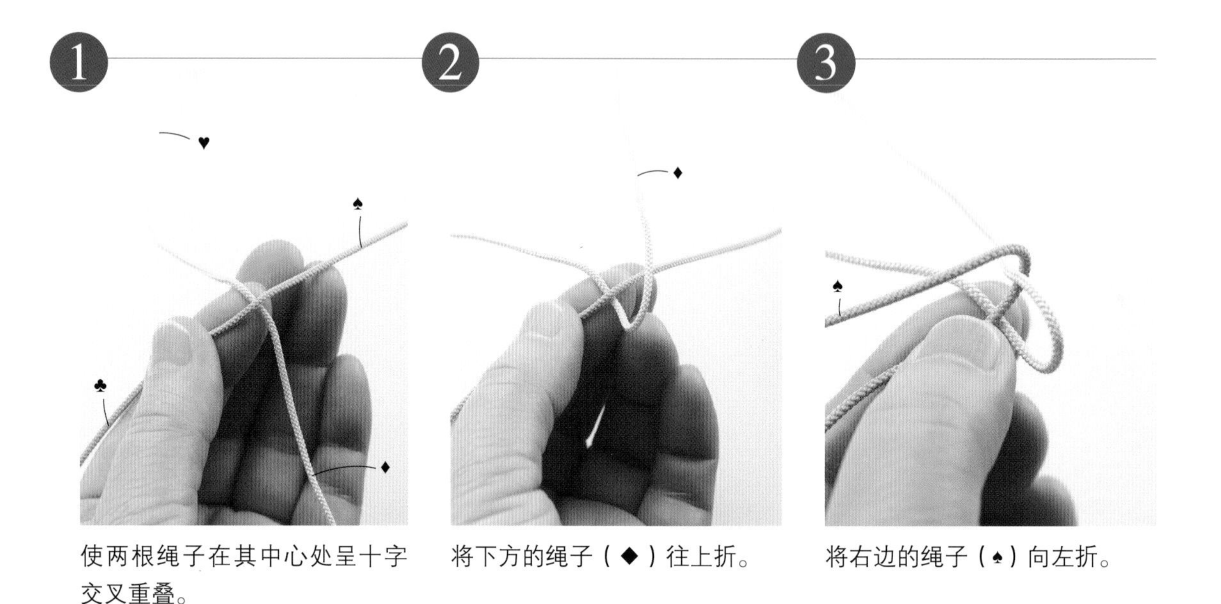

1 使两根绳子在其中心处呈十字交叉重叠。

2 将下方的绳子（◆）往上折。

3 将右边的绳子（♠）向左折。

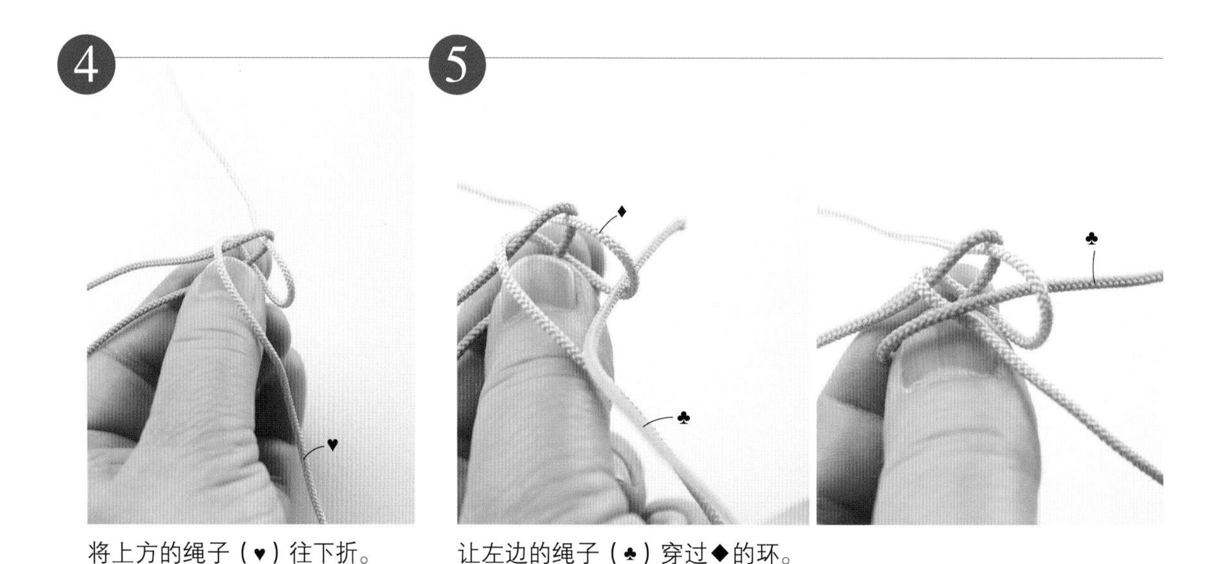

4 将上方的绳子（♥）往下折。

5 让左边的绳子（♣）穿过◆的环。

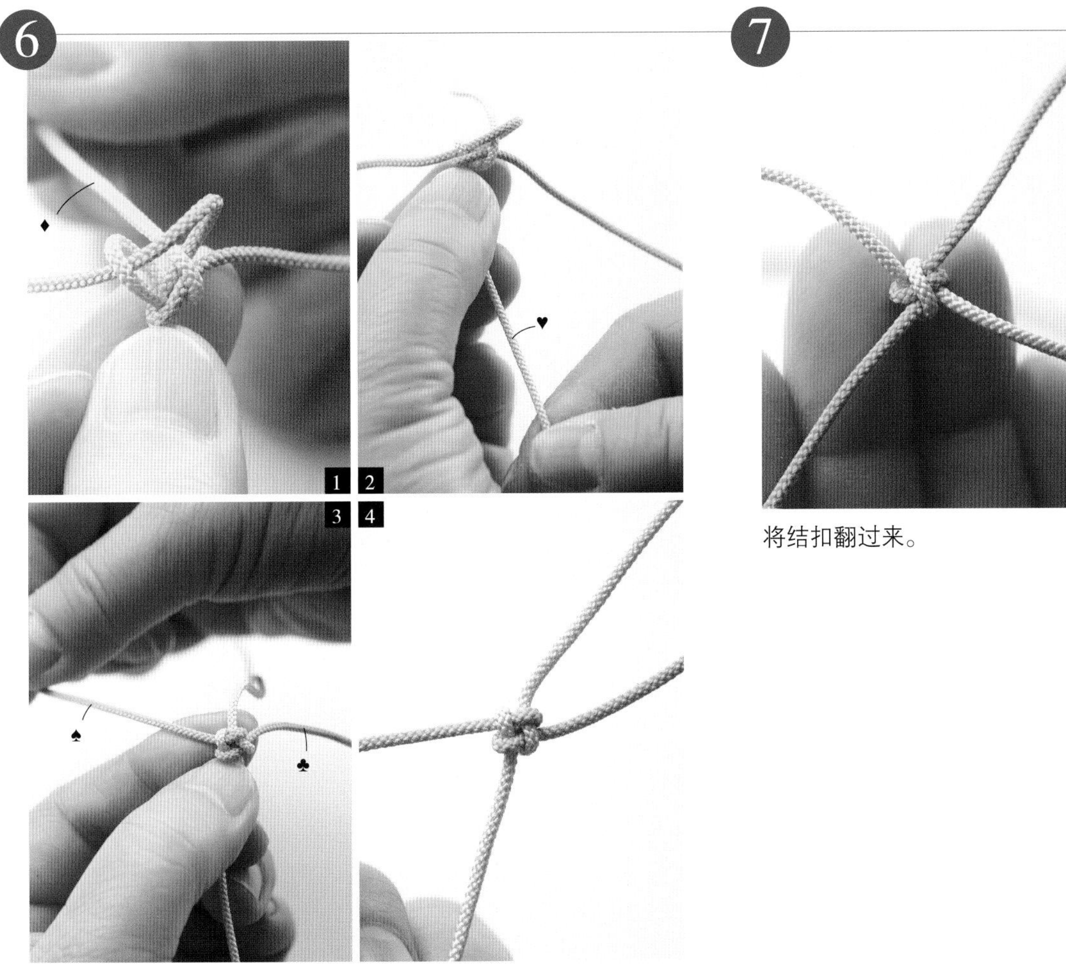

将四根绳子按照♦、♥、♠、♣的顺序拉紧并结扣，注意不要将中间拉散。这个就是角结的底基。

将结扣翻过来。

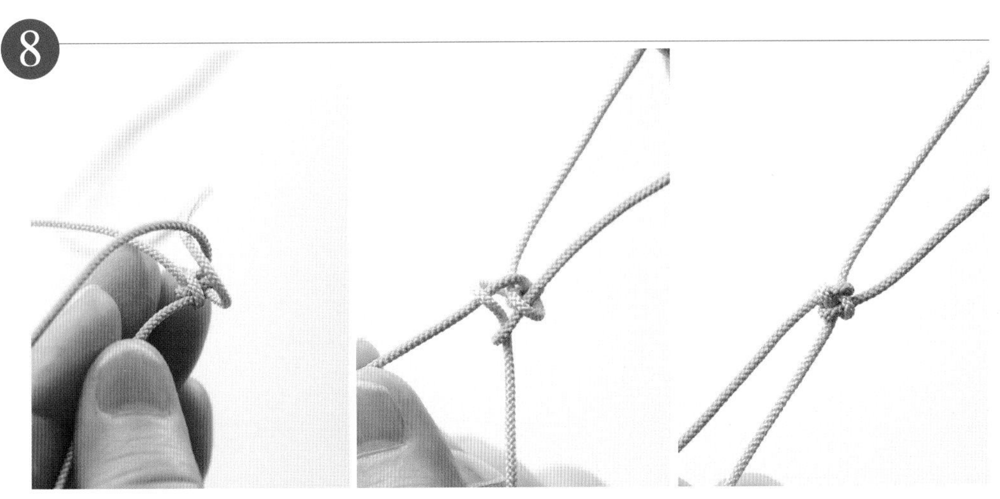

重复2~6直到结出想要的长度。

绳状的结4

蜈蚣结

由于打好的结是扭着的，所以也叫做扭扭结。虽然单纯地重复打同一个结，但如果加以扭转的就会发生变化。

❖蜈蚣结的打法示意图在 91 页

用粗1.5mm的绳子来打蜈蚣结。如果改变两侧绳子的颜色的话，结打好的时候可以隐隐约约看到中央的结芯。
用1.5mm粗的绳子打结时，打10cm的结需要两根60cm的绳子。而绳芯则需另外准备一根15cm的绳子。

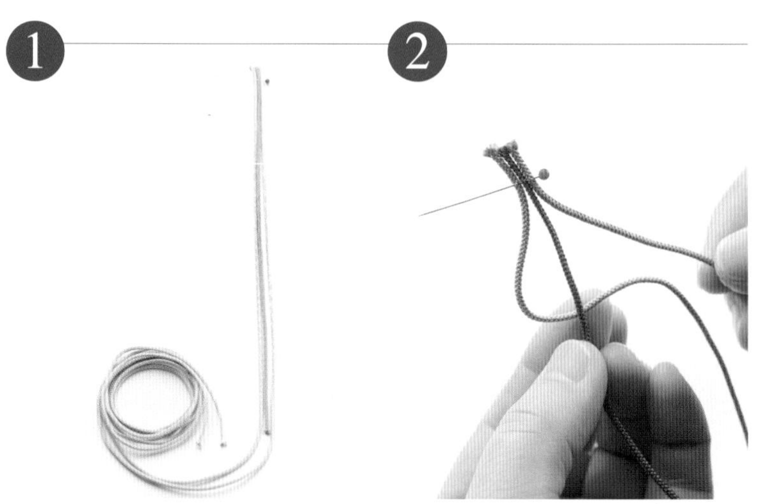

1 将绳芯那根绳放到中间，打结的2根放到外侧，用大头针将3根绳的一头穿在一起。

2 将左边的绳子置于绳芯下方并向右拉。

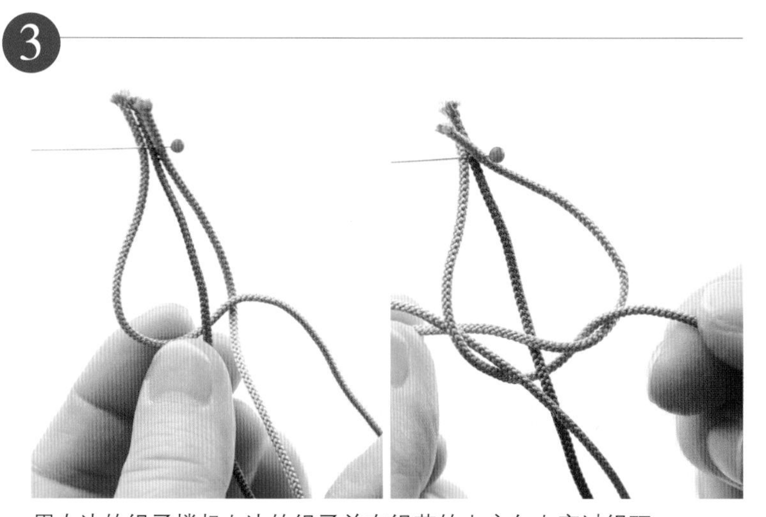

3 用右边的绳子撑起左边的绳子并在绳芯的上方向左穿过绳环。

4

拉住左右两根绳子，小心地结出结扣。

5

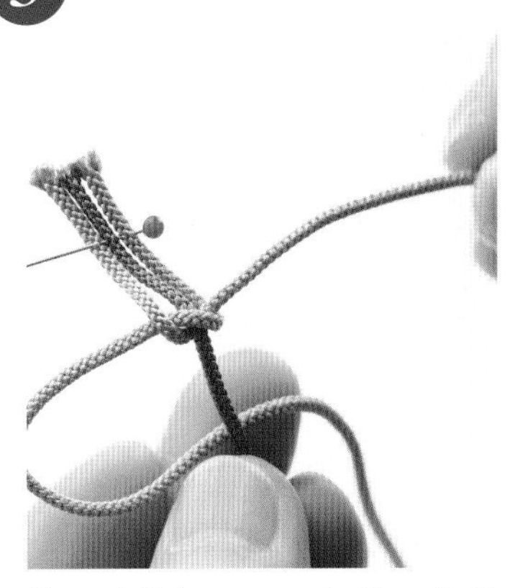

将左边的绳子置于绳芯下方并向右拉。

6

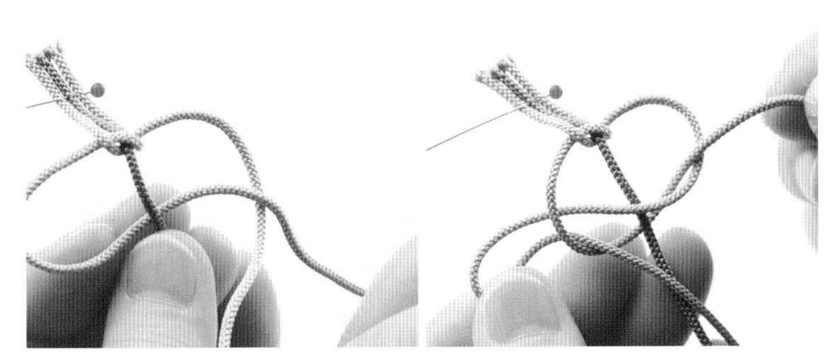

用右边的绳子撑起左边的绳子并在绳芯的上方向左穿过绳环。

7 8

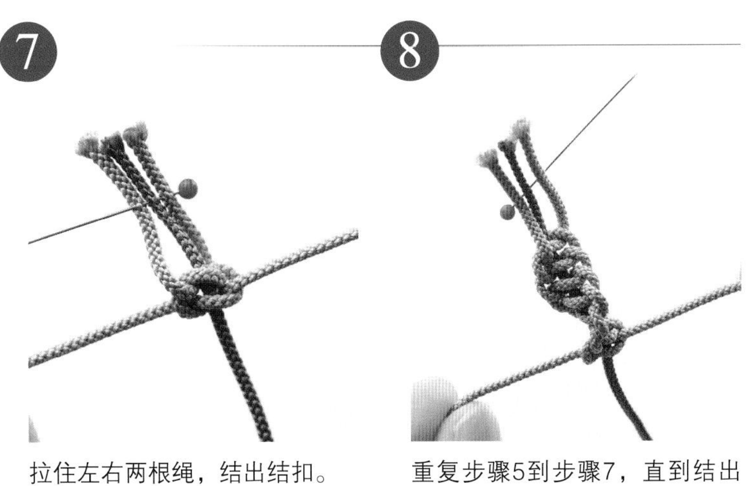

拉住左右两根绳，结出结扣。

重复步骤5到步骤7，直到结出想要的长度。

在重复打结时会产生扭转，蜈蚣结也就打好了。绳芯也可以用2股，91页有介绍两股绳芯时的结法。

四色编

由于使用4根绳子，所以比三色编更有分量，规则的织眼也很美观。从外侧的绳子开始，一根一根按顺序编吧。

❖四色编的打法示意图在91页

用粗1.5mm的绳子来编四色编，用四根颜色各不相同的绳子来编时，绳结颜色会比较鲜艳。也可只用一种颜色或用两种颜色，编出来的绳结根据绳子色彩的组合，会显现出不同的效果。
使用1.5mm粗的绳子时，编1m的绳结需要四根150cm的绳子。

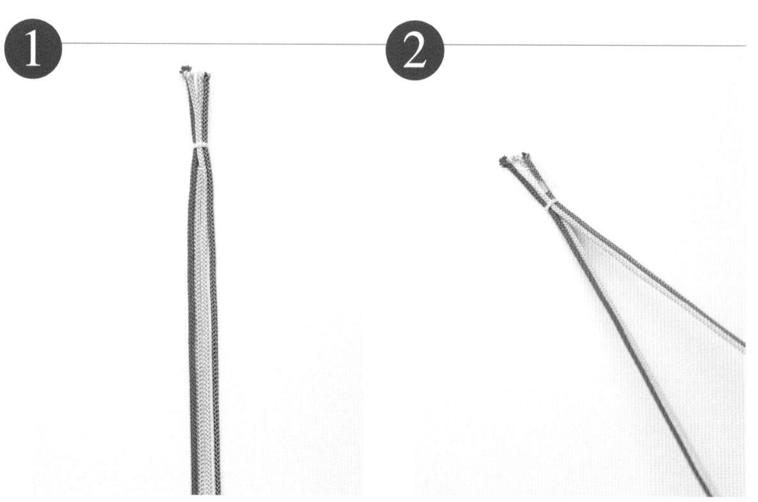

1

将四根绳子整齐地并排放在一起，并用线固定住一端。

2

将绳子置于平坦的地方，用透明胶将绳子一端固定。将四根绳左右两两分开。

3

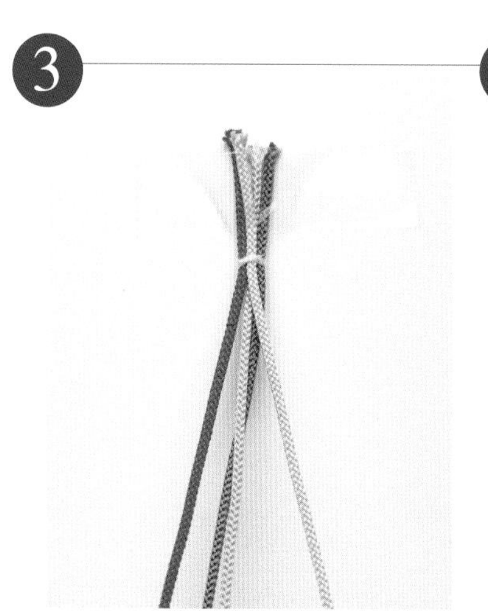

将右侧的深蓝色绳子从下穿到红色和浅蓝色绳子中间。

4

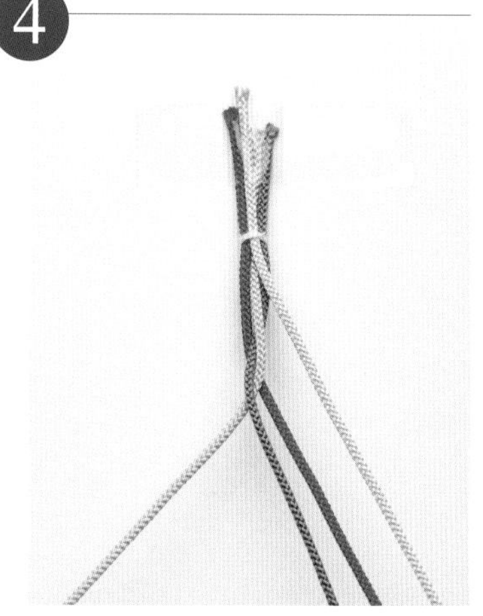

将深蓝色绳子往上提，再往右拉。接着将红色绳子从下穿到深蓝色和粉色绳子中间。

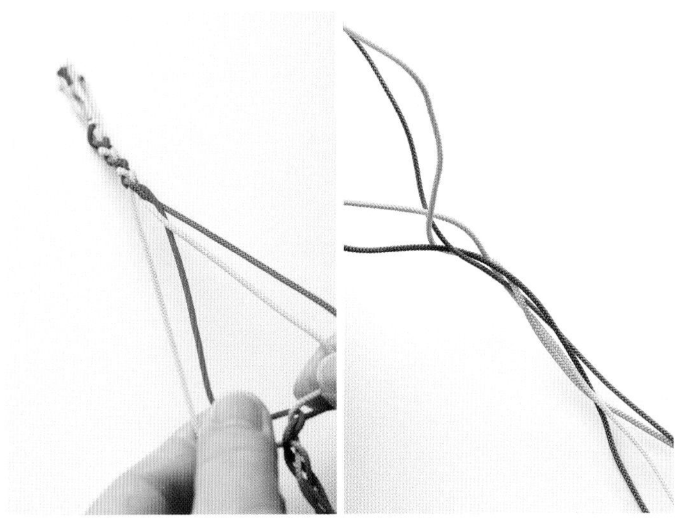

由于是将外侧的绳子从下穿过，四根绳子的末端比较容易缠在一起。打上几次，梳理好绳子之后就容易打了。

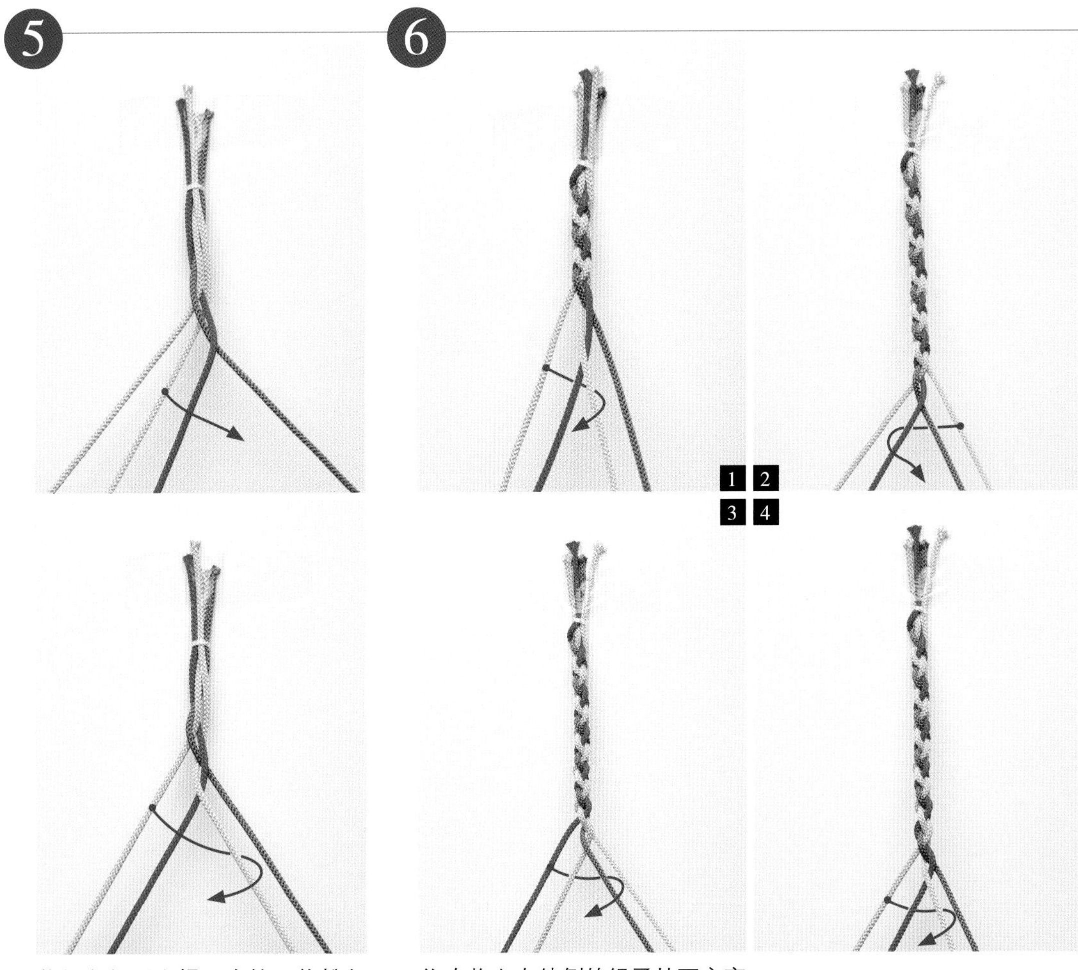

将红色绳子上提、右拉。将粉色绳子从下穿到红色和浅蓝色绳子之间，上提，往右拉。

依次将左右外侧的绳子从下方穿过去，上提、右拉，重复打结。

绳状结做的

装饰绳

捆扎花束时，用绳结代替彩带

剪下开在庭院里的花当礼物送人时，可以使用手工装饰绳代替彩带，这样会显得休闲而不呆板。除了蝴蝶结之外，光是将装饰绳一圈圈卷起也很好看。

结：左右结

给纯色的盒子添加亮点

不仅是礼盒，装饰绳还可以用于装有贵重物品的盒子。轻轻地绕上一圈或两圈就能使平淡无奇的纯色盒子变得华丽，进而成为一种记号。

结：左右结

左右结打法 ❖ 6、89页
四色编打法 ❖ 14、91页

靠绳子的颜色提升氛围

作出礼品绳的感觉

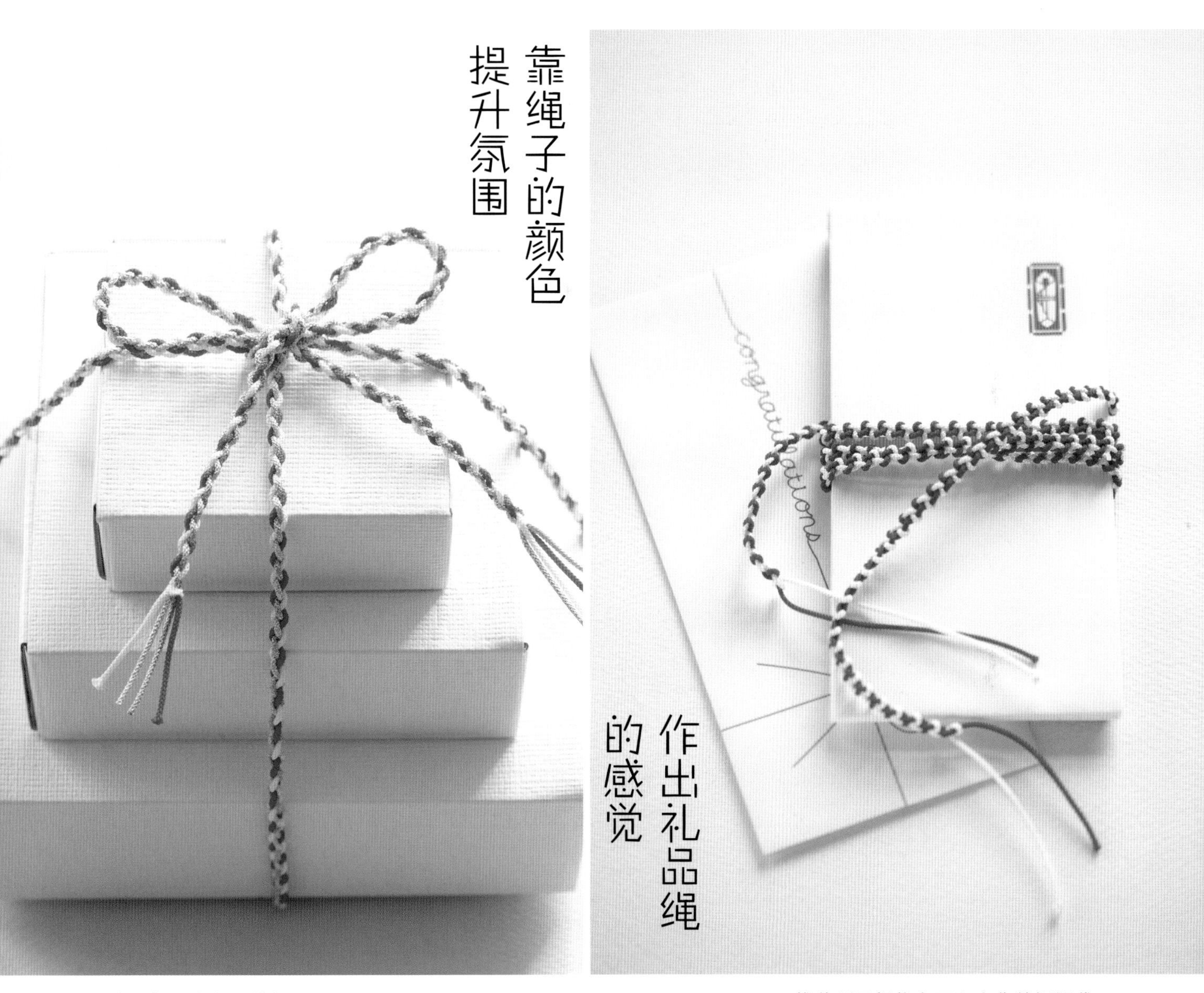

用红白金银四色绳子编织，一下子就有一种正式的装饰绳感觉，最适合用于节庆送礼时的艺术包装。如果想追求休闲感，将金银色绳子去掉即可。

结：四色编

推荐用于想将市面上出售的祝福袋变得稍微有些个性，或者想在白色信封上添加一点个人色彩的场合。使用红白装饰绳能够一下子就将自己希望对方幸福的心意传达出来。

结：左右结

绳状结做的

挂坠

细小结打法 ❖ 8、89
蜈蚣结打法 ❖ 12、91
角结打法 ❖ 10、90
左右结打法 ❖ 6、89

朴素的挂坠串上小圆珠很显得时尚

用绳状结作出的颇有分量的挂坠。如果想做得朴素一些，将结打到自己喜欢的长度之后配上金属零件即可。若想突出重点，使用小圆珠可以使挂坠显得动感而华丽。

结：从上到下分别是细小结、蜈蚣结、角结

做法：66~67页

使用双股挂坠，享受结扣的乐趣

若想有效地展示结扣的美观或者想做出成熟点的作品，也可以采用将绳结打成一圈的方法。上面的左右结使用双色绳子，富有艺术气息。这种绳结同样也用在礼品上。

结：从上到下分别是左右结和蜈蚣结

做法：64页

绳状结做的

包包提手

左右结打法 ❖ 6、89页
角结打法 ❖ 10、90页
四色编打法 ❖ 14、91页

使用装饰绳可以提升纸袋的感觉

仅仅改变一下提手，就能使市售的纸袋产生新意。绳子的颜色搭配纸袋的颜色，选择两股同样长度的绳结，穿过袋子的穿孔并在内部打结，以避免脱落。绳子的粗细与袋子的大小相符，保持平衡。

结：左右结（2股）

使布袋便于手提的绳结

布袋的提手推荐能保持长时间不变形的角结和圆柱形的四色编。两者的截面都是圆的，拿在手上手感比较柔软。如果想将绳子的末端显露在外面，可以做出穗状，放在包内可用线固定缝好。

结：从上到下分别是角结、四色编

角结做的包包提手做法：68~69页

绳状结做的

饰品

细小结打法 ❖ 8、89页
释迦结打法 ❖ 52、95页
蜈蚣结打法 ❖ 12、91页

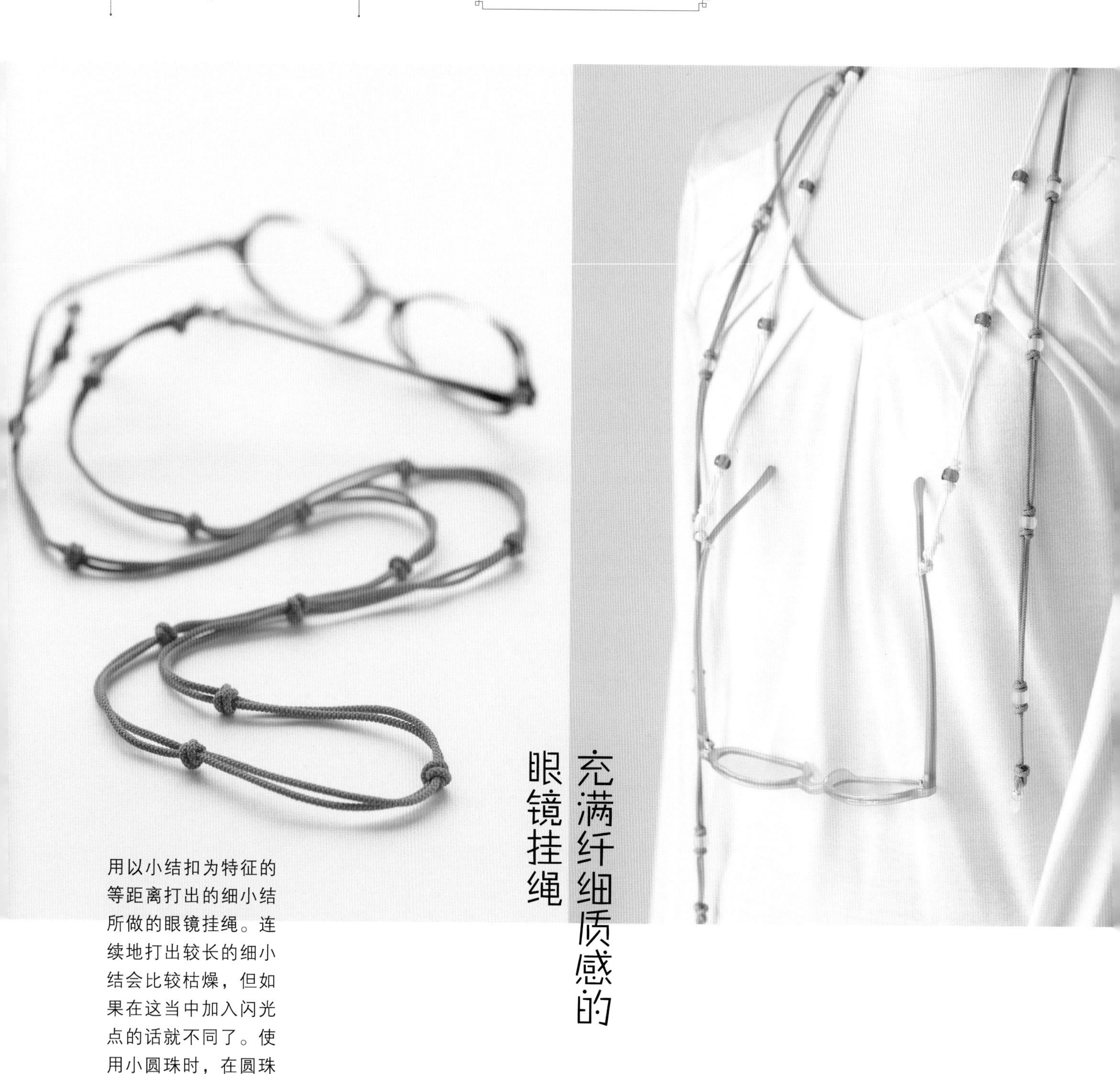

充满纤细质感的眼镜挂绳

用以小结扣为特征的等距离打出的细小结所做的眼镜挂绳。连续地打出较长的细小结会比较枯燥，但如果在这当中加入闪光点的话就不同了。使用小圆珠时，在圆珠前后打上细小结就可以固定。

凸显绳结美感的手链

环绕手腕的部分使用连续打出细小结，之后再配上可爱的球形的释迦结来代替固定的金属零件，通过这样的连接，单纯的细小结也能顿生美感。使用小圆珠当装饰会更显个性。

结：细小结、释迦结

做法：71页

通过令人印象深刻的扭转产生出立体感的项链

蜈蚣结在打结的过程中会自然产生扭转，显得很有分量。由于很有立体感，用于饰品时会带来强烈的视觉冲击。如果使用圆珠作为重点，大一点的圆珠会显得有更有存在感。绳芯会微微地从结扣处显露出来，因此选择绳芯的颜色也很有考究。

结：蜈蚣结

做法：72页

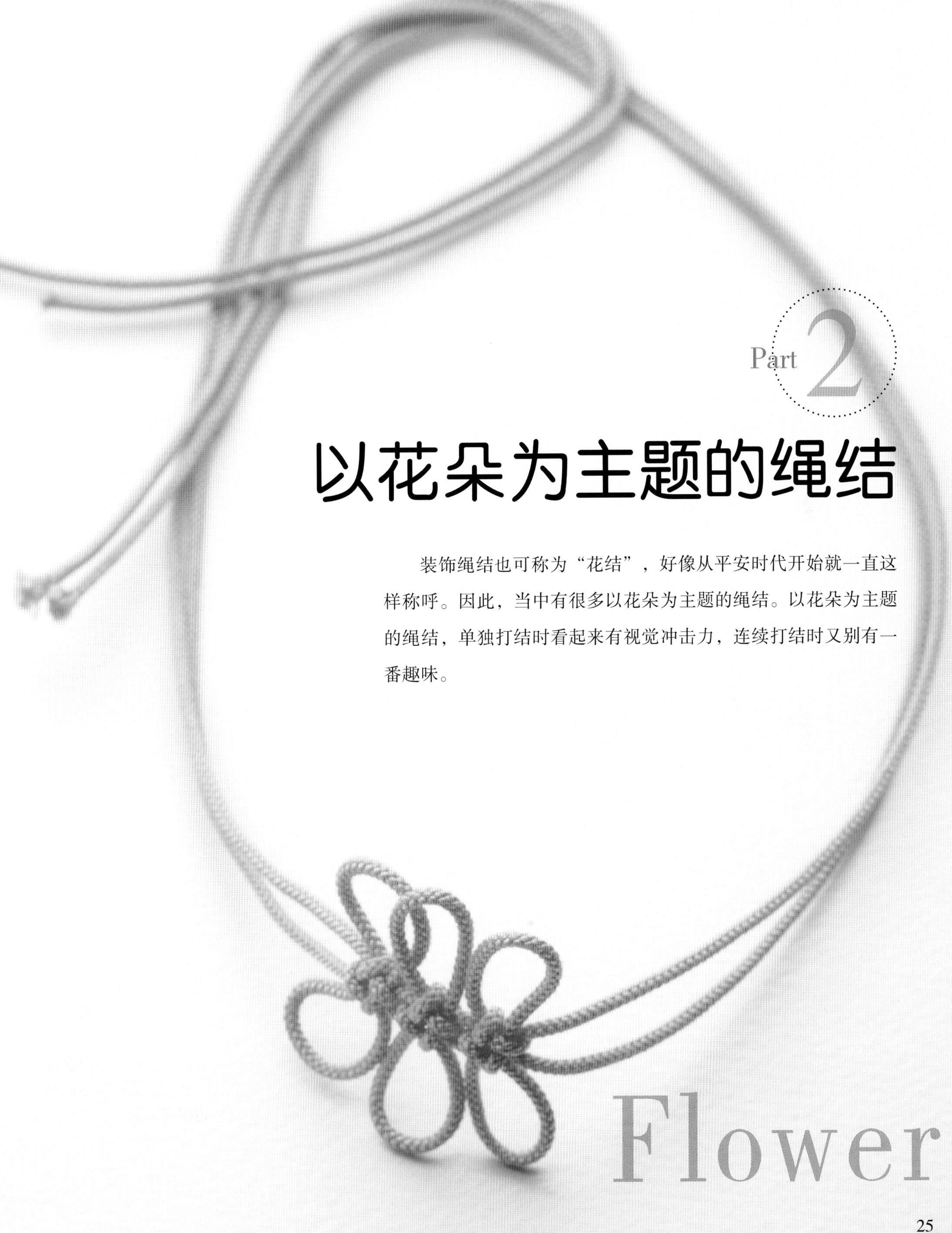

Part 2

以花朵为主题的绳结

装饰绳结也可称为“花结”，好像从平安时代开始就一直这样称呼。因此，当中有很多以花朵为主题的绳结。以花朵为主题的绳结，单独打结时看起来有视觉冲击力，连续打结时又别有一番趣味。

Flower

以花朵为主题的绳结 1

总角结（入字型）

总角结被认为是最早的绳结，常用于神社佛阁的横幅幕等地方。这里介绍的“入字型”，由于左下右上，打出的形状看上去像“入”字，由此得名。除此之外还有左上右下的“人字形”。

❖总角结的打法示意图在 92 页

用粗1.5mm的绳子连续打出的三个总角结，左右绳环的长度可自由控制。打一个总角结大约需要40cm的绳子。

1

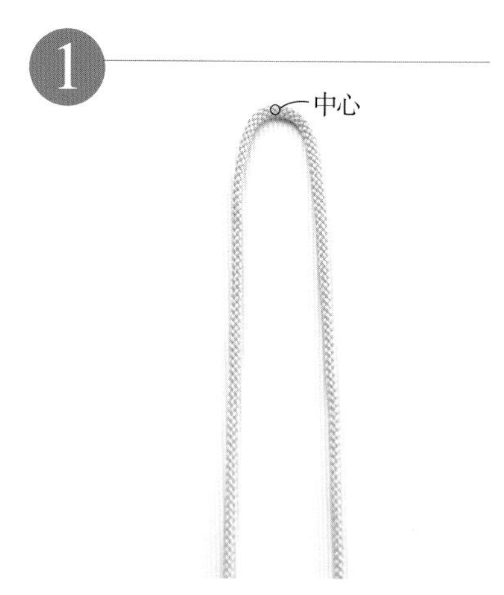

将一根绳对折，并使其中心朝上。

2

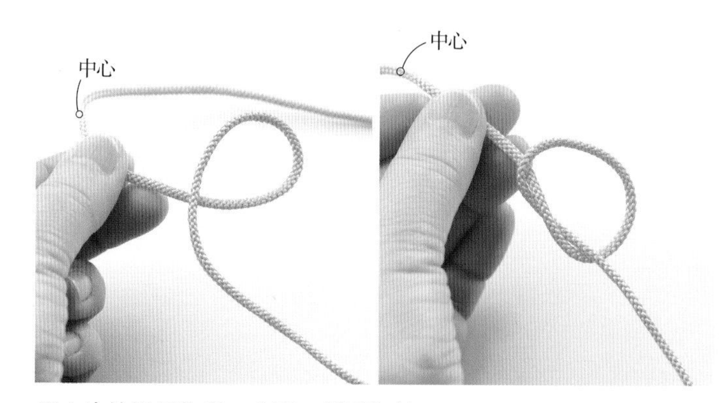

用左边的绳子作出一个环，然后打结。

3

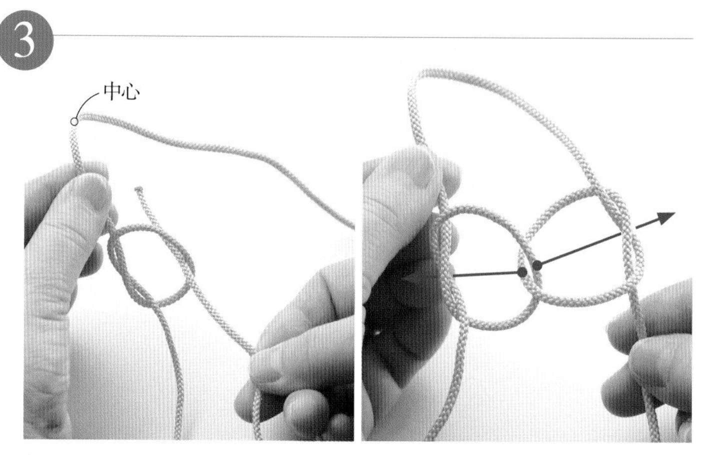

将右边的绳子在左边的绳环的同一位置结出另一个绳环。

4

将右边绳环的中心放进左边的结扣，将左边绳环的中心放进右边的结扣，并往左右两边拉。

5

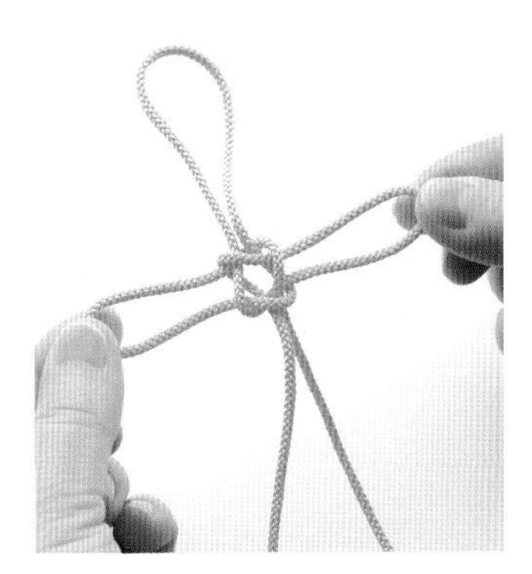

沿着绳子的走向拉伸就能作出漂亮结扣。

6

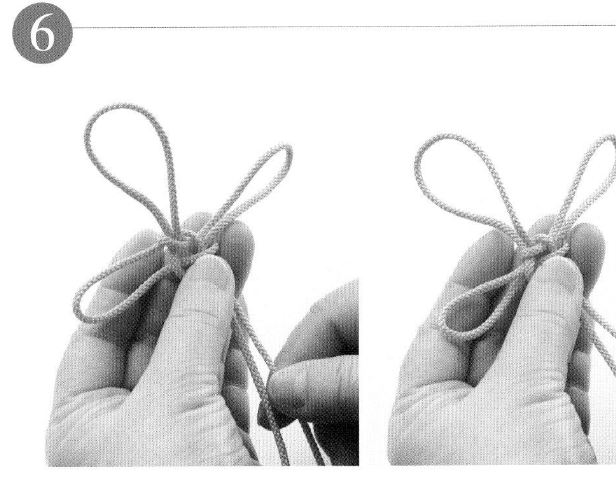

调整绳环长度的同时系紧结扣。首先按照从左到右的顺序拉伸。拉伸时用左手的大拇指按住结扣。

7

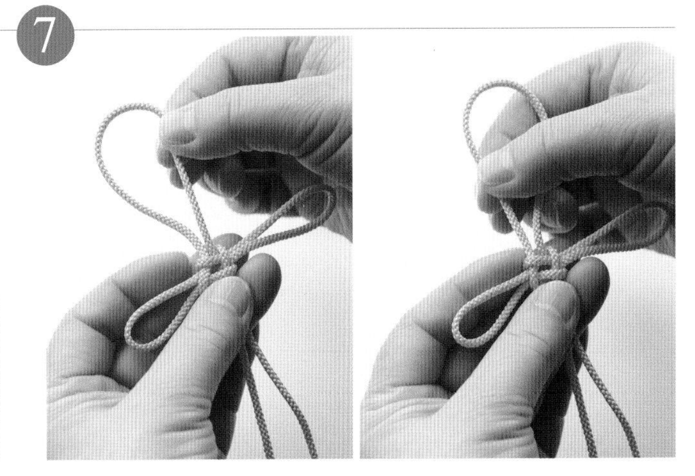

接下来，按照从右到左的顺序向上拉伸上面的绳环，系紧结扣。

8

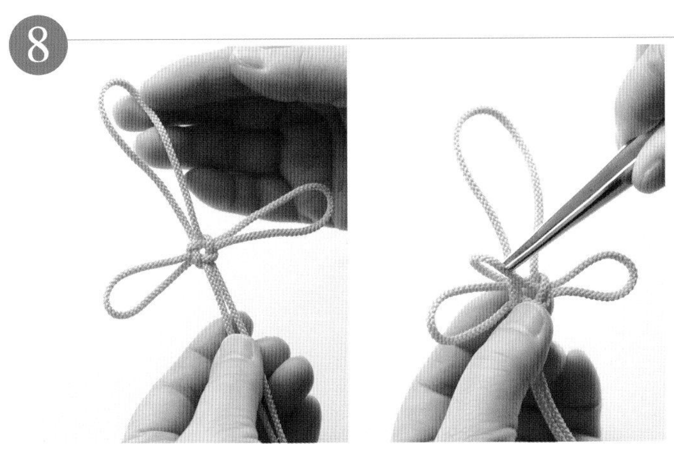

确认左右绳环的长度，图中右边的绳环稍长了一些，可以拉动结扣作出调整。

9

10

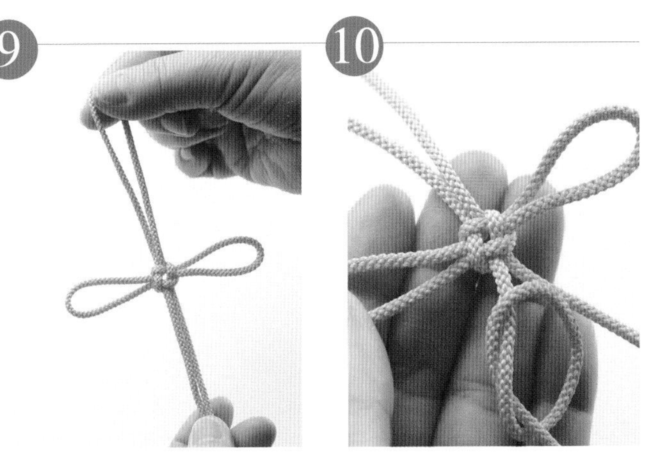

连续打结时，在紧挨结扣的下方重复步骤2到步骤9。

几帐结

几帐曾用于划分室内的空间，用来装饰它的绳结就是几帐结。单独打三个像花瓣一样的绳环。

❖几账结的打法示意图在 92 页

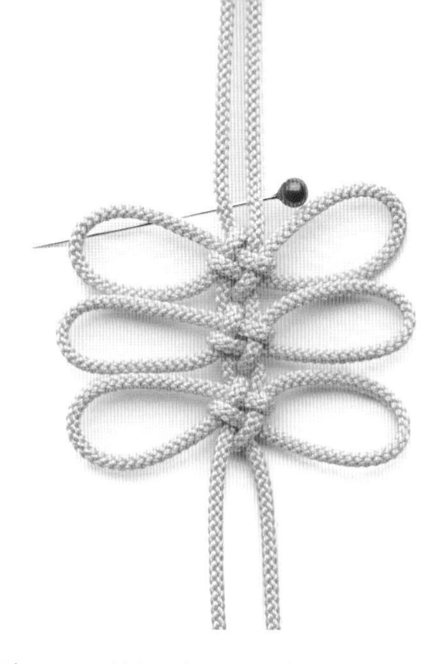

用粗1.5mm的绳子打出的几帐结。
连续打出同样的结看上去会显得很华丽。单独打结时，将绳子折成两股，打结时使绳环向上可以打出三个绳环。绳环的大小根据个人喜好调整。打一个几帐结大概需要40cm长的绳子。

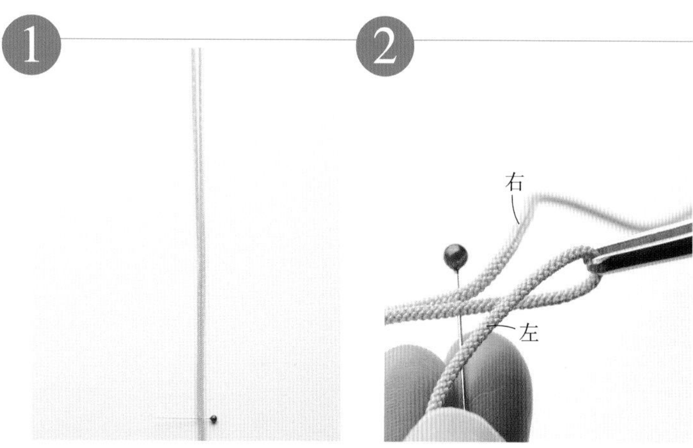

1 将两根绳子并排放在一起，在适当的位置插入大头针当做记号。如果将一根绳子折成两股，则使绳环朝上。

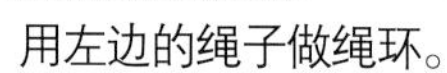

2 用左边的绳子做绳环。

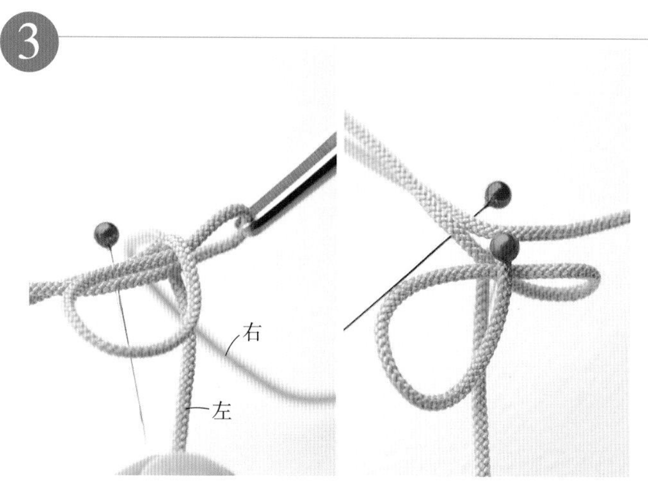

将左边绳子挂在那个绳环上，并在交叉处插入大头针。

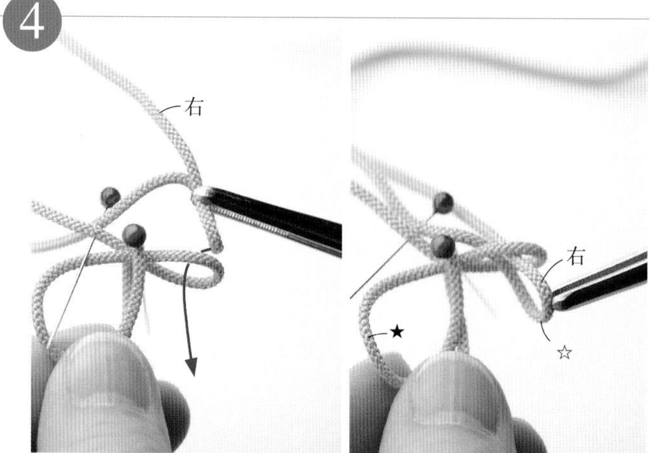

用右边的绳子作出绳环，并如图中箭头所示，穿过左边的绳环。

几账结配上小圆珠。采用同色系的绳子和珠子，色彩十分协调。

5

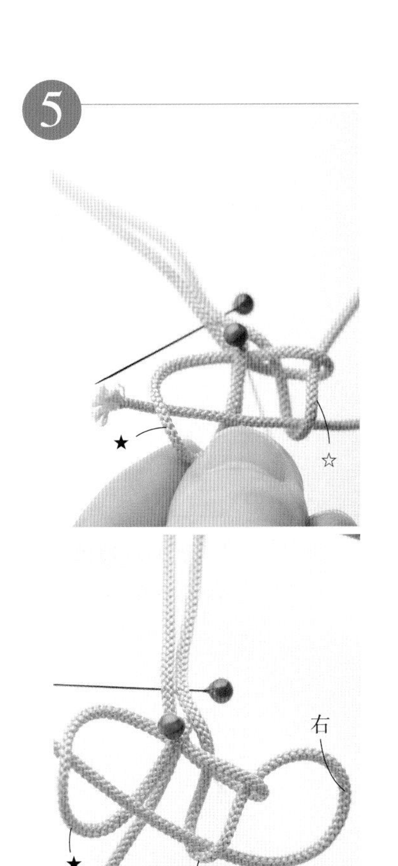

使右边的绳子穿过两个绳环（★&☆）。

6

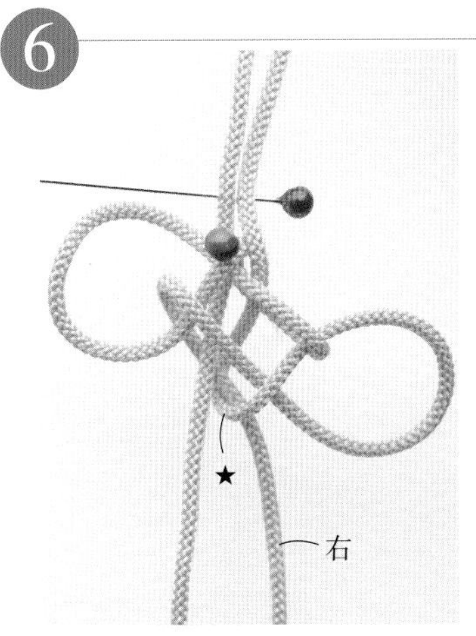

用右边的绳子撑起左边的绳子，再一次穿过（★）的绳环。

7

拔出刚才插在交叉处的大头针，拉伸左右的绳子，大体系出结扣。

8

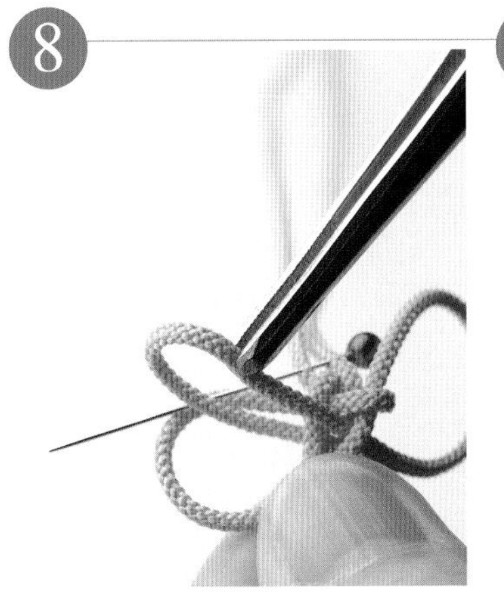

按顺序调整绳子，系好结扣。做成花瓣大小，左右大小一致比较美观。

9

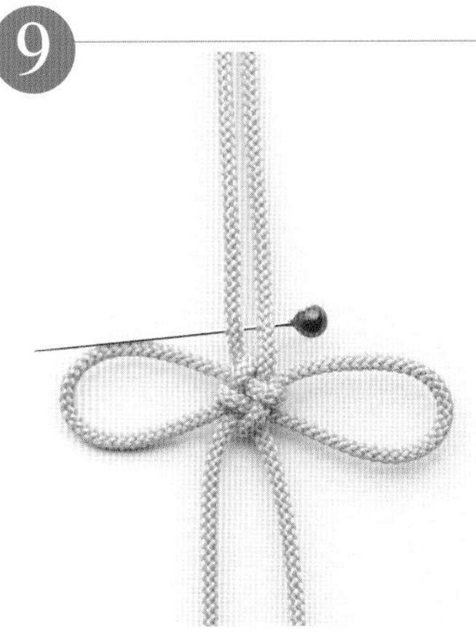

几帐结打好了。

以花朵为主题的绳结 3

菊结

它是代表性的“花结”之一，也可称作菊花结。由于有7枚花瓣，看上去很华丽，用于京都祇园祭中的矛饰。

❖菊结的打法示意图在 93 页

用粗1.5mm的绳子打菊结。花瓣的大小根据个人喜好决定，大小可以在打结扣时调整。打一个菊结需要50cm的绳子。

1

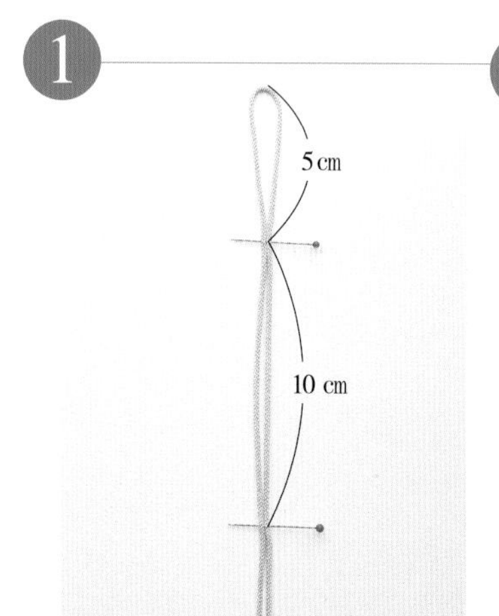

将一根绳子对折，绳环向上，在图示的两个位置插入大头针。

2

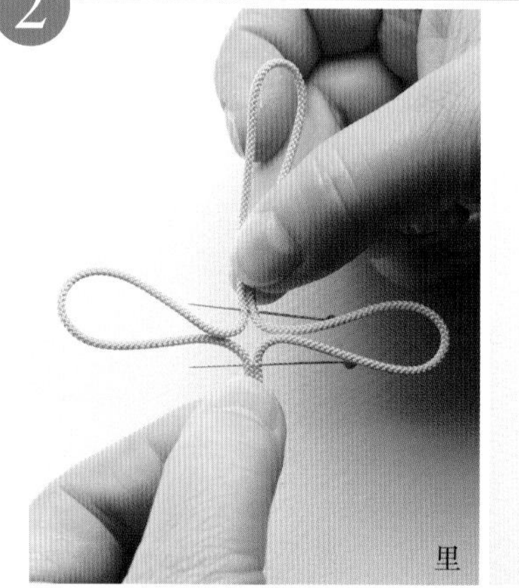

为了能使上下两根大头针贴到一起，做三个绳环，并插入大头针。

3

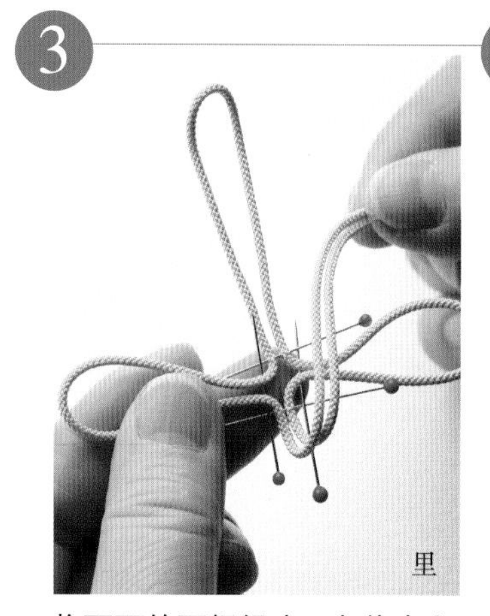

将下面的两根绳（★）往右上方向折。

4

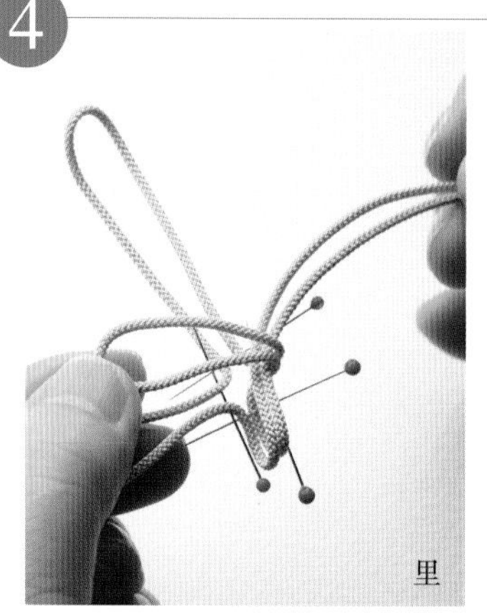

把右边的绳环（△）往左上方折。

5

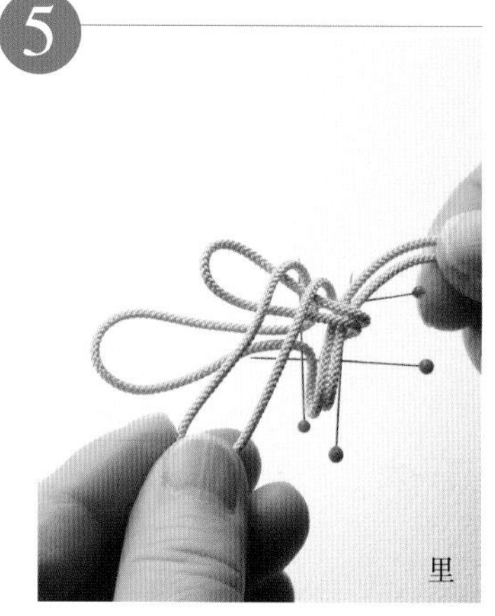

上面的绳环（☆）往左下方折。

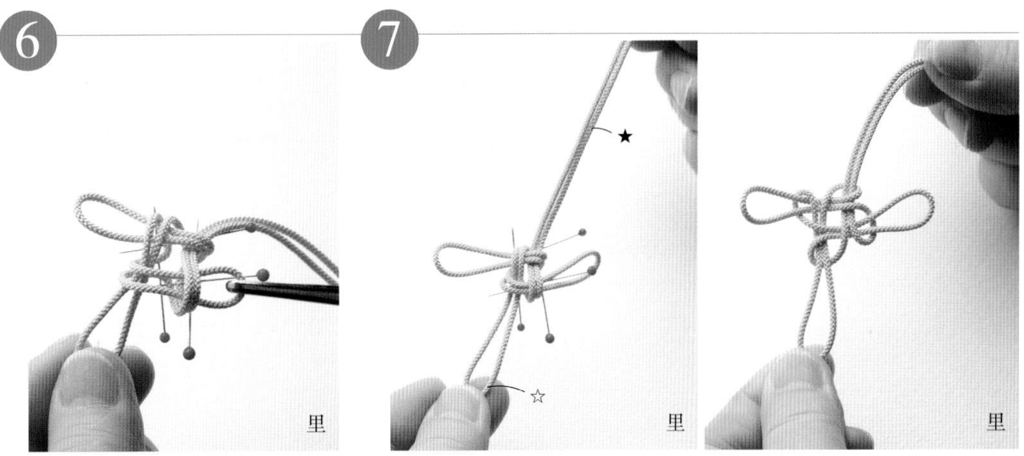

6 使左边（▲）的绳环通过右下的绳环。

7 拿住上下两根绳（☆&★），系紧结扣，拔出大头针，调整形状。

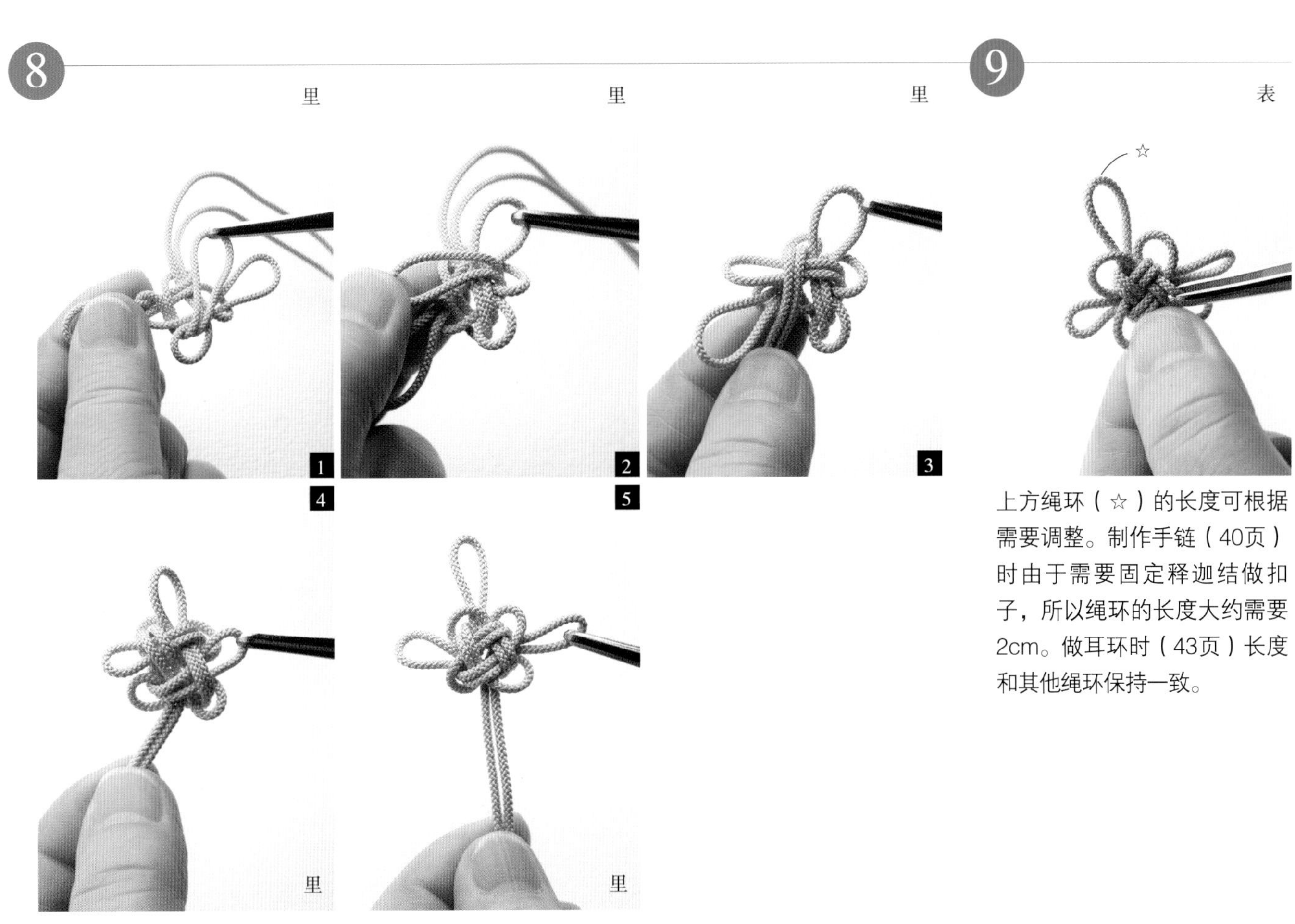

8 再一次重复步骤3到步骤6，调整形状。

9 上方绳环（☆）的长度可根据需要调整。制作手链（40页）时由于需要固定释迦结做扣子，所以绳环的长度大约需要2cm。做耳环时（43页）长度和其他绳环保持一致。

10

按顺序调节绳子，系紧结扣，此时需一根一根地拉绳并系紧。

11

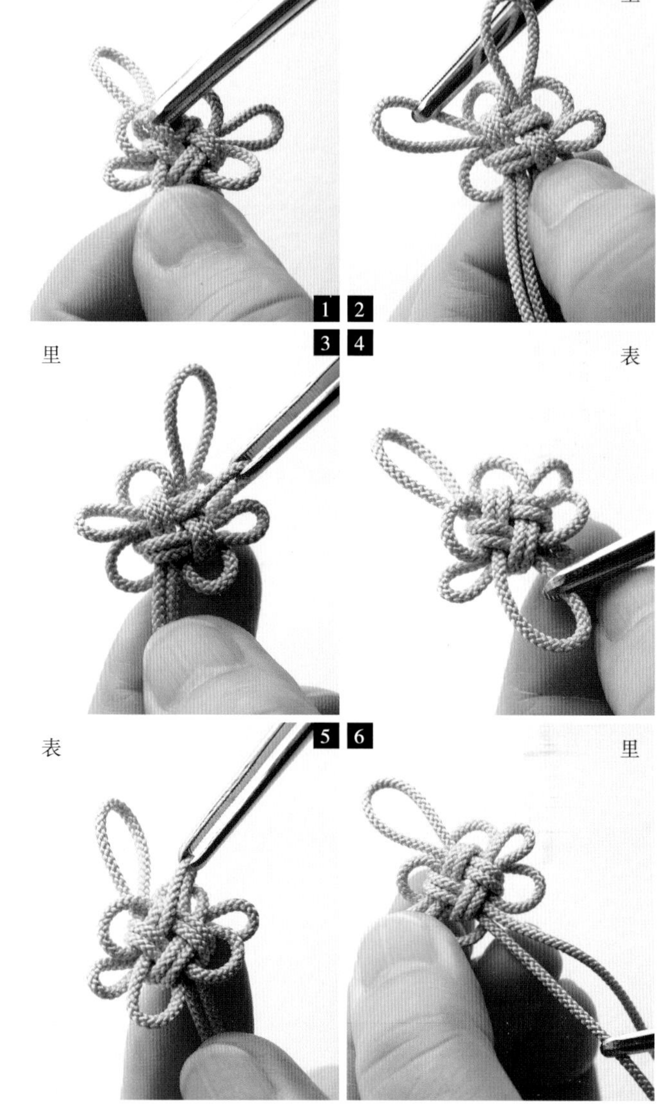

结扣系好之后就该决定花瓣的大小了。一边看着反面，一边用镊子拉动花瓣，决定花瓣的大小。花瓣左右对称比较美观。

淡路结

它是用红白花纸绳所打的用于仪式的绳结的基本型，亦称为“鲍结”“相生结”“葵结”。这里介绍向下打结的打法，另外也有向上打结的方法。把淡路结串联起来的绳结叫做“淡路连”。

❖淡路结的打法示意图在 93 页

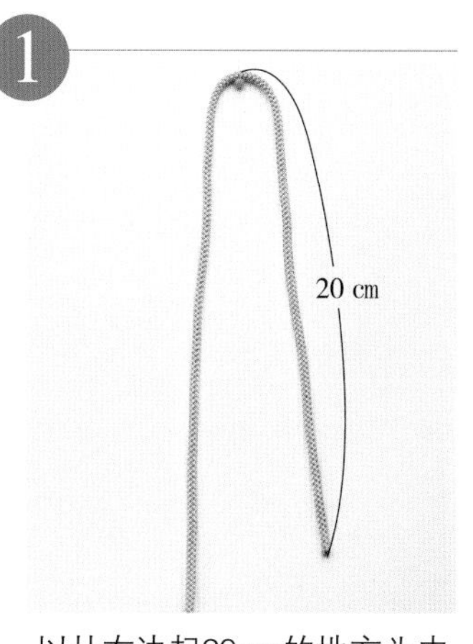

1 以从右边起20cm的地方为中心，插入大头针当做记号。

用粗4mm的绳子所打出的三层的淡路结。淡路结多用于胸针等物品，因此请记住将绳子重叠2次、3次的打法。打3重的淡路结需要150cm长的绳子。

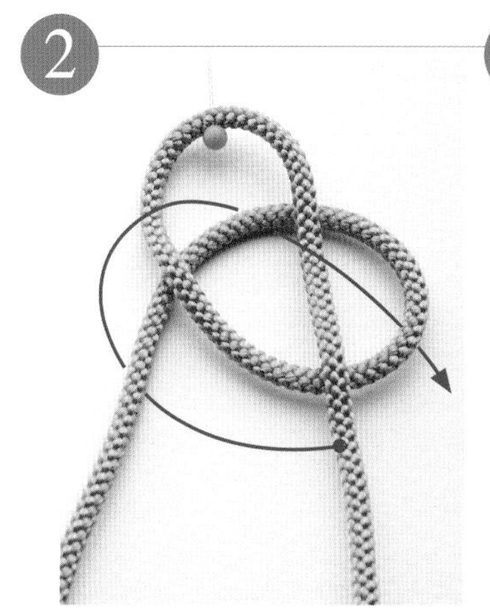

2 用左边的绳子做绳环，并将右边的绳子重叠在绳环的中心上。

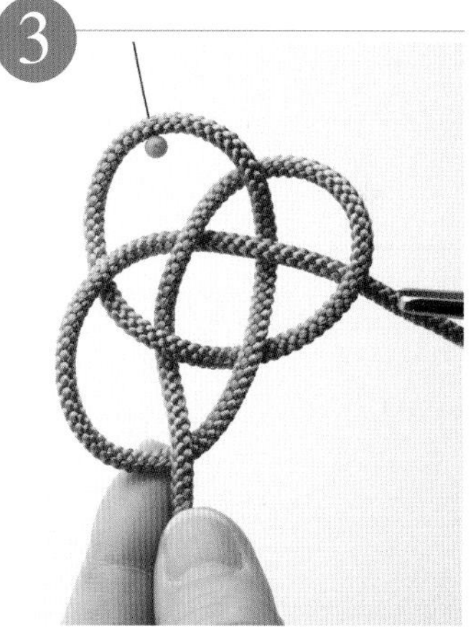

3 将右边的绳子按照图2中的箭头指示，穿过左边的绳环。这样淡路结的基本形状就出来了。

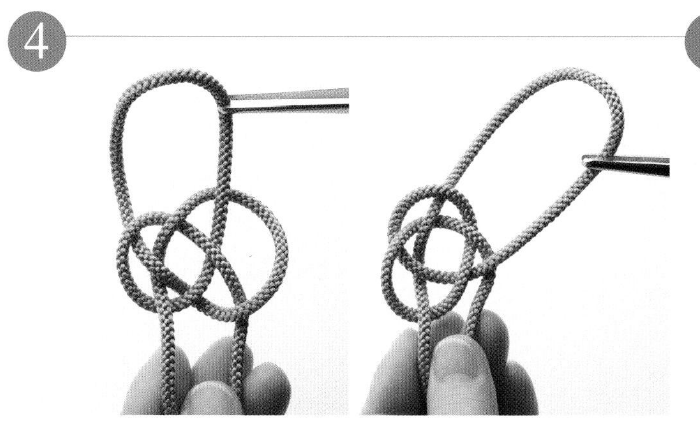

4 由于绳子整体比较松弛，按照打结的顺序调节绳子。在一边一点点地系紧结扣的同时调整形态。拔出大头针。

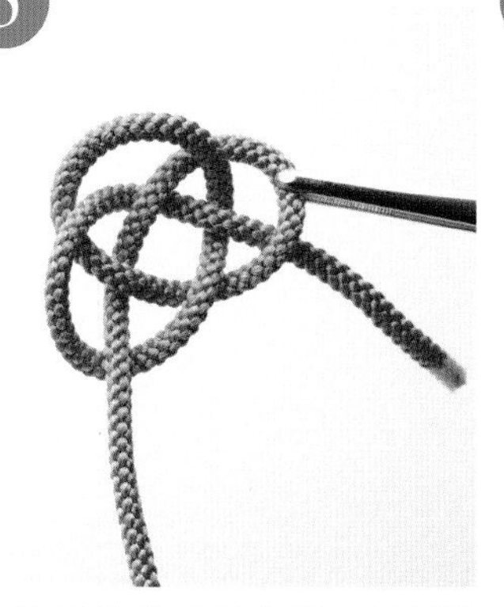

5 这样作为底基的第一层淡路结就做好了。

6 在卷出第2层之前要处理右边绳子的绳端。为了防止绳端散开，用透明胶缠住绳子一头，把绳端拧成圆柱体。

7

将第2层的绳子放入第1层的较短那个绳的反方向，顺着第1层的绳子打结。

8

按照这样的流程，将第3层的绳子沿着第2层的绳子打结。

9

系好第3层的绳子之后就拉紧还有空隙的地方，首先调整第一层的绳子并垃紧。

10

按顺序调整第2层的绳子。

11

按顺序调整第3层的绳子。

12

确认3根绳子都整齐排好并没有空隙之后，淡路结就打好了。不过即使有一点点的空隙也不用太在意。

13

接下来需要处理绳子。将黏合剂涂在用透明胶粘过的绳子一端，并顺着绳子的走向贴上去。
粘较细的绳子时，建议用牙签醮上黏合剂粘贴结绳，这样会很方便。

14

将另一头的绳子也涂上黏合剂，将多余的绳子剪去。

15

将黏合剂涂在剪刀剪过的绳子那一头，防止散开。

16

完成。用作胸针时，涂上黏合剂，粘上专门的金属配件。胸针的做法参照76页。

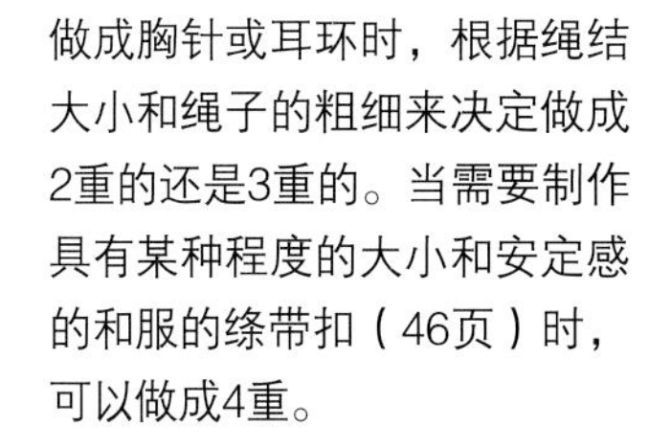

做成胸针或耳环时，根据绳结大小和绳子的粗细来决定做成2重的还是3重的。当需要制作具有某种程度的大小和安定感的和服的绦带扣（46页）时，可以做成4重。

淡路连

将淡路结（33页）串联起来所制作的绳结。
连续串联在一起时，看上去会有蕾丝般的纤细。

❖淡路连的打法示意图在94页

用粗4mm的绳子织的淡路连。
制作腰带或包带时用两股绳子来打，会给人一种安定感。
打长约20cm的淡路连大约需要500cm的绳子。

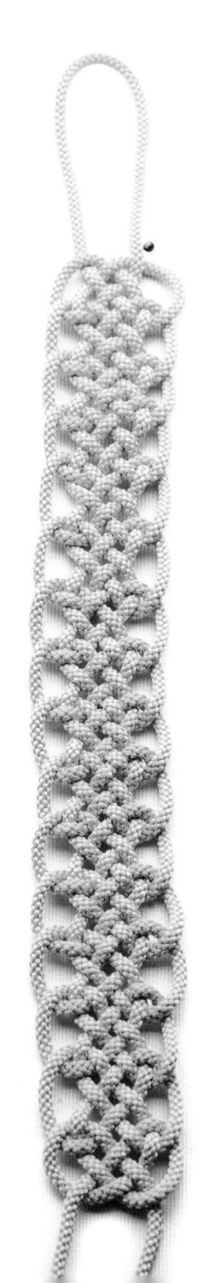

1

将绳子折成两股，绳环朝上。决定开始打结的位置，插上作为标记的大头针。

2

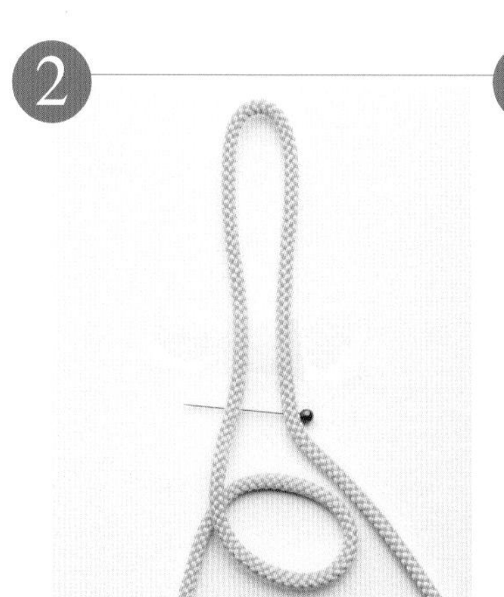

用左边的绳子做绳环。

3

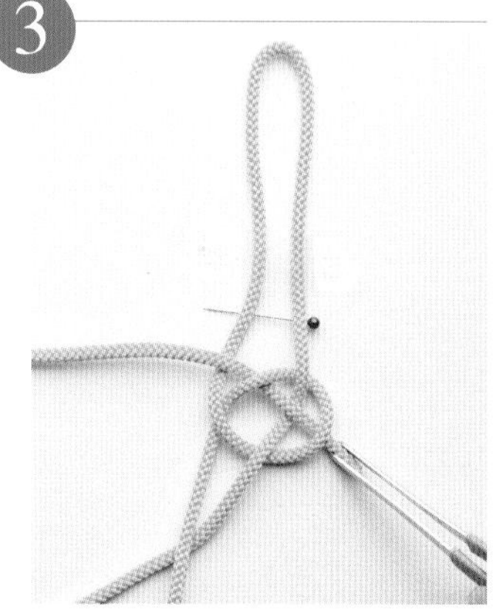

将右边的绳子放到绳环之上，穿过左边绳子的下方，插入绳环中。

4

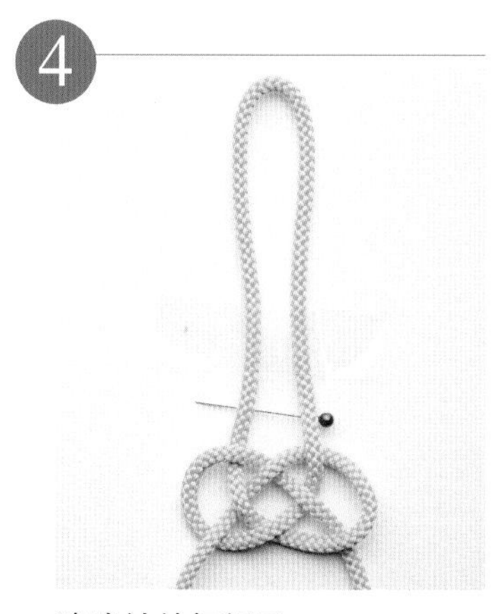

淡路结就打好了。

5

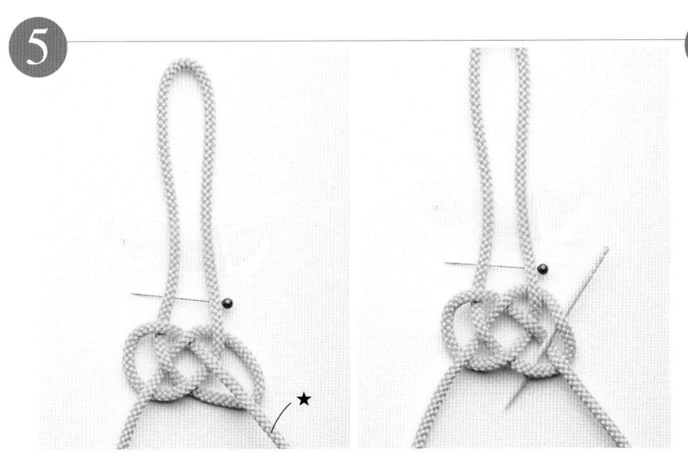

将右侧的绳子（★）自上方从绳结中拉出，在绳环中插入牙签。

6

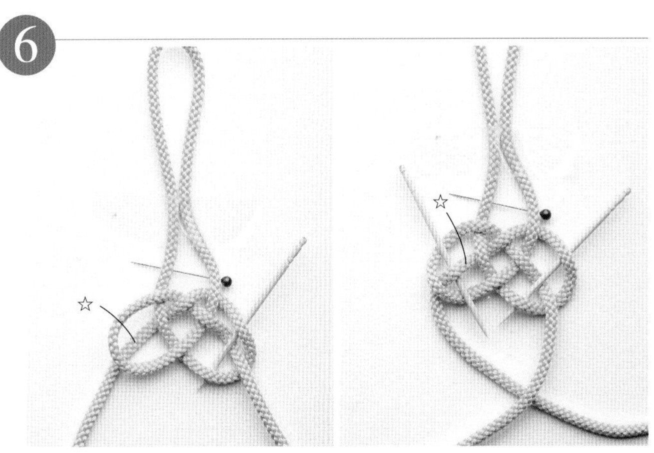

将左侧的绳子（☆）自下方从绳结中拉出，在绳环中插入牙签，使左右绳环相互交叉。

7

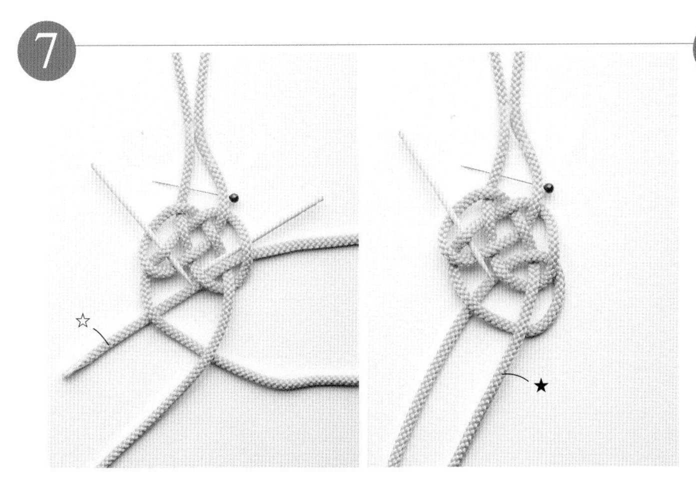

让左边的绳子（☆）沿着牙签穿过右边的绳环，取下牙签。

8

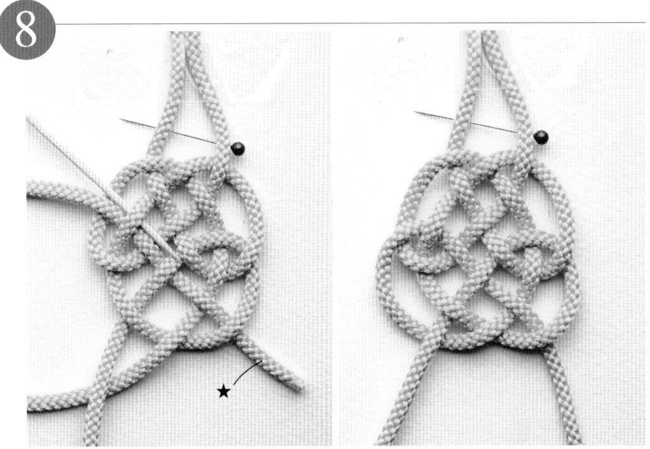

将右边的绳子（★）穿过左边绳子的下方，沿着牙签穿过左边的绳环，取下牙签。这样就打出了2个淡路结。

9

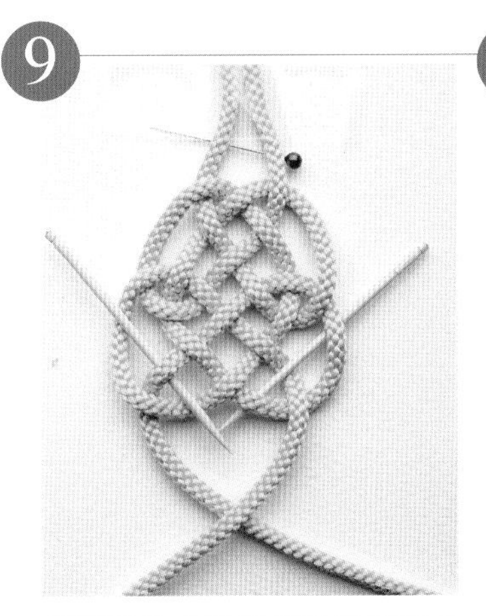

用同样的方法继续结出所需长度的淡路结。

10

在习惯之前，先打一些结确认一下左右绳子的长短是否一致更好一些。

以花朵为主题的绳结做的

装饰结

做成礼物盒的亮点

送礼时“虽然不想弄得太夸张，但还是想做得好看一些”，这时装饰结就可以大显身手了。挂上绳子之后，随意打一个花型绳结就可以在礼物中注入你的心意。

结：总角结

做法：73页

贺卡和礼金袋上的装饰结

遇到喜事时，在送出的贺卡和礼金袋上用细绳打一个结就能产生新意。绳子的颜色选择白色或者金银色，会给人一种更加正式的印象。

结：总角结

总角结打法 ⁘ 26、92
几帐结打法 ⁘ 28、92
菊结打法 ⁘ 30、93

品味寻找盒子与绳结间平衡的乐趣

想给盒子添加点有设计感的东西的话，不需用包装纸，这样子送出去就很好。使用装饰绳结代替丝带，避免盖子被打开。

结：几账结（红盒）、菊结（竹编盒子）

以花朵为主题的绳结做的

饰品A

可爱的花瓣成了喜庆的手链

连续结出华丽的菊结会显得更有分量。绳子的粗细长短根据个人喜好进行调整。菊结有延年益寿的喜庆感，还推荐做成类似护身符的礼物。

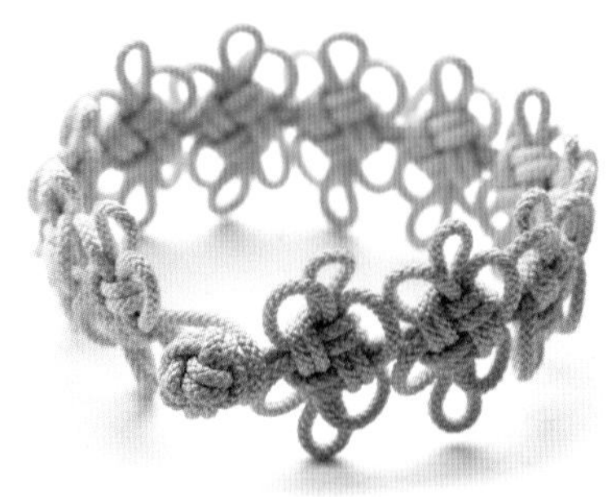

菊结打法 ⁘ 30、93
淡路连打法 ⁘ 36、94
释迦结打法 ⁘ 52、95

宛如纤细的蕾丝编出的项链

除了直接佩戴在手腕上之外，戴在针织衫上也很好看。由于是绳子编出来的，可自由调整尺寸。也可以将细小结打出的手链（23页）用释迦结来固定。

结：淡路连

做法：75页

以花朵为主题的绳结做的

饰品B

在胸前大放异彩的胸针

仪式所使用的淡路结也是吉利的绳结之一。而且，由于是打了三层的绳结，所以显得更有分量，更有安定感。在搭配时即便颜色和大小不同也没关系。除了用于服装上，还可以用作帽子和包包的点缀。

结：淡路结（4个都是）

做法：76页

淡路结打法 ◆ 33、93
菊结打法 ◆ 30、93
淡路连打法 ◆ 36、 94

任何年代都能玩味的花瓣耳环

亲手做的耳环能够传递作者的温暖心意，适用于每一个人。用菊结打出四角形，用淡路结打出圆形的耳环。想稍微做得华丽一些时，加上细的金线或银线就会显得很正式。

结：菊结（上面2个） 淡路结（下）

做法：76页

绳结发卡，令人印象深刻的美

用稍微粗一点的绳子连续打5个花结。推荐用高雅的色彩搭配和服等正式服装。由于手经常接触发卡，在做好后在上面喷一些硬化剂，以防被弄脏。

结：菊结（上面2个），淡路结（下）

做法：77页

以花朵为主题的绳结做的

室内小装饰品

几帐结打法 ⁘ 28、92
淡路连打法 ⁘ 36、94

不限尺寸，方便使用的餐巾

传统的几帐结是一种简单而可爱的绳结。连续打三个结，用作系在餐巾上的装饰绳结，饭桌就会让人眼前一亮。
在餐巾的表面结出绳结，后面用绳子系上即可，可自由使用。在绳结中配上小圆珠，给人的印象就会改变。

结：几帐结（5个都是）
做法：78页

享受配色乐趣的窗帘绑绳

更换窗帘比较费事，但仅仅更换一下窗帘绑绳就能提升室内的形象。要点是根据窗帘的面料和大小来选择绳子的粗细。想要捆得牢一些就用粗一点的绳子，想要玩味绳结的纤细美感就用细一点的绳子。将几根流苏搭配到一起也很好看。

结：淡路连（3个都是）

做法：78页

以花朵为主题的绳结做的

和服小饰品

淡路结打法 ∻ 33、93页
菊结打法 ∻ 30、93页

适合休闲打扮的绦带扣

可以轻松地将淡路结做的胸针用作绦带扣。若想做得稍微大一点，可以打出4层的结。这样的结会给人带来安定感，结扣也很漂亮。最适合茧绸等休闲服饰。绦带扣的色彩搭配也是一种乐趣。

结：淡路结

做法：80页

装饰和服的绳结

用装饰绳结来做和服的装饰绳，享受个性的时尚和服所带来的乐趣。只需打两个同样的结，一个缝在衣领处，另一个缝在身上。绳子的颜色选用与外套颜色相谐调的色彩，素材推荐使用能与和服融为一体的绢绳。

结：菊结

打法：81页

组合不同绳结更能增加乐趣

装饰绳结除了用作单独的作品之外，还可以将几种绳结组合起来做成新的绳结。这里介绍两种胸针。蜻蜓胸针，头为释迦结、翅膀为几帐结、身体为四色编。樱桃胸针则使用释迦结和几帐结的组合。可以用多出来的绳子试着做做看。

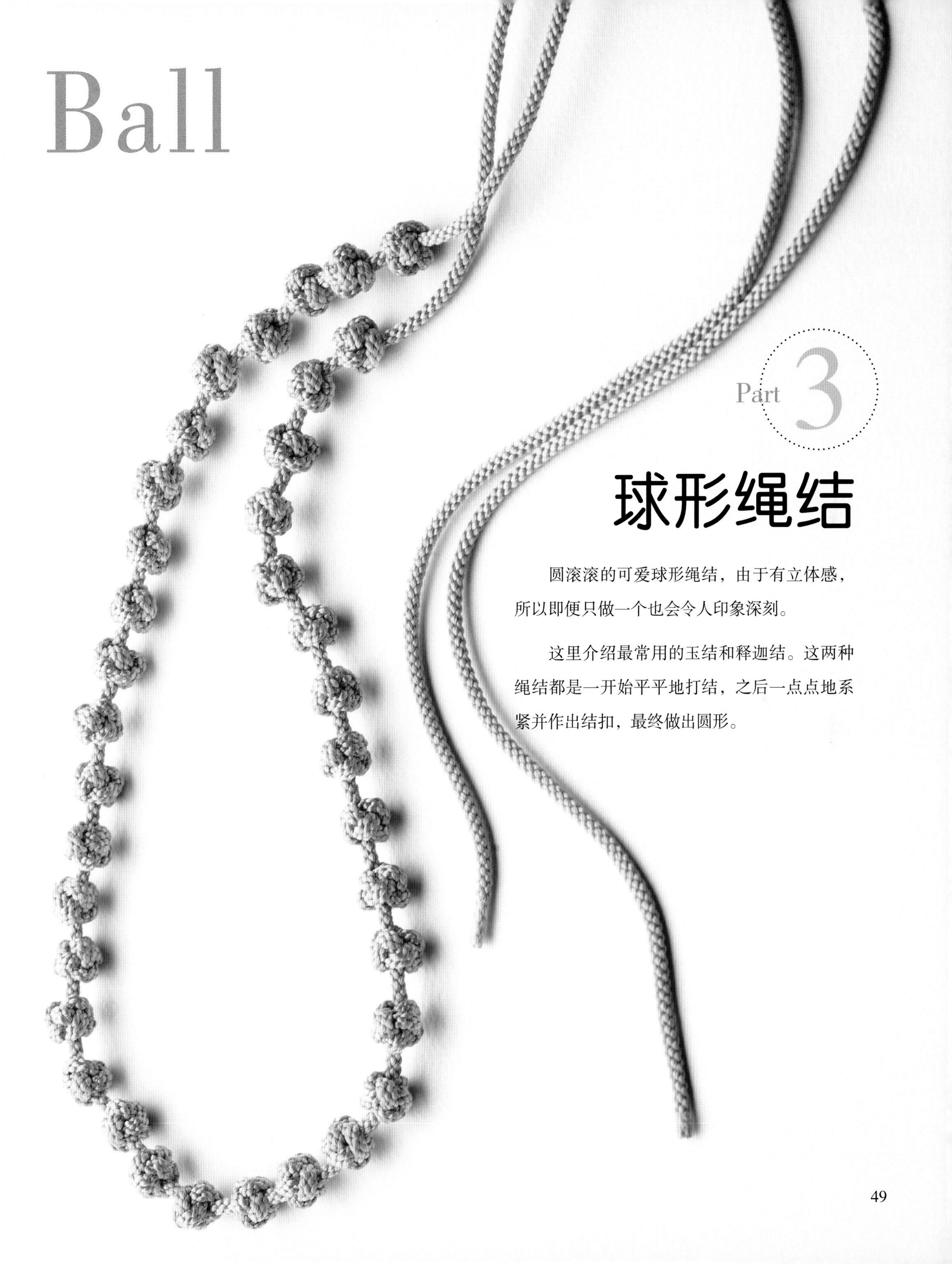

Ball

Part 3

球形绳结

圆滚滚的可爱球形绳结，由于有立体感，所以即便只做一个也会令人印象深刻。

这里介绍最常用的玉结和释迦结。这两种绳结都是一开始平平地打结，之后一点点地系紧并作出结扣，最终做出圆形。

球形绳结 1

玉结

用一根绳子，从左到右打结。用玉结做饰品时，不要连续打结，可稍微隔出一些空隙，或者搭配小圆珠。

❖玉结的打法示意图在 95 页

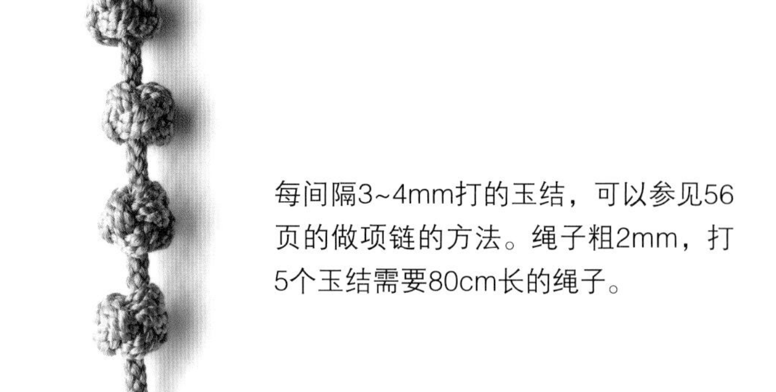

每间隔3~4mm打的玉结，可以参见56页的做项链的方法。绳子粗2mm，打5个玉结需要80cm长的绳子。

1

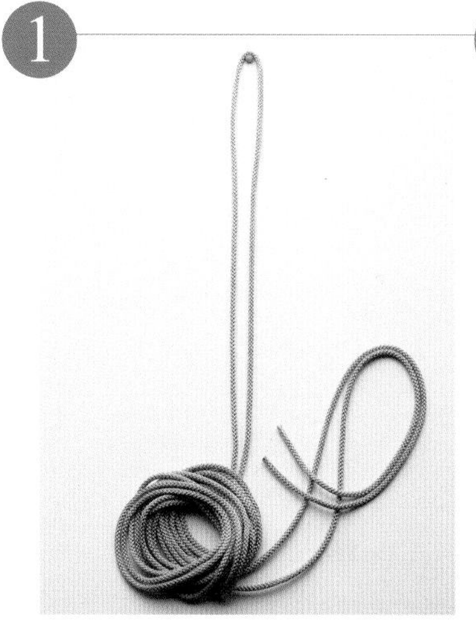

在绳子的中心对折，在中心插入大头针。

❖也有从绳子的一端开始打结的，但是当制作较长的绳结时，从中心开始打结比较容易。

2

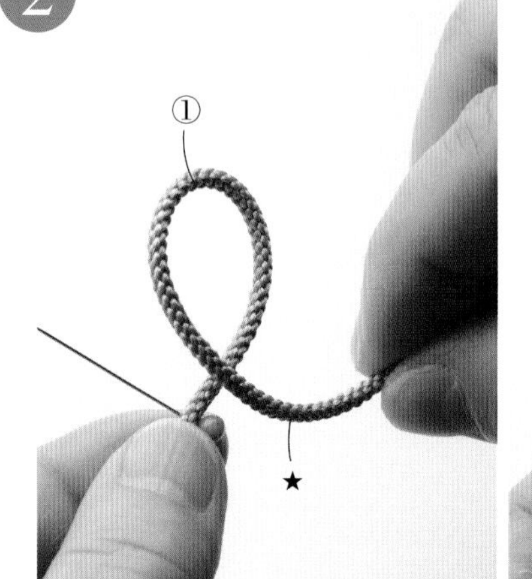

用右边的绳子（★）做两个绳环，①和②一部分重叠。

3

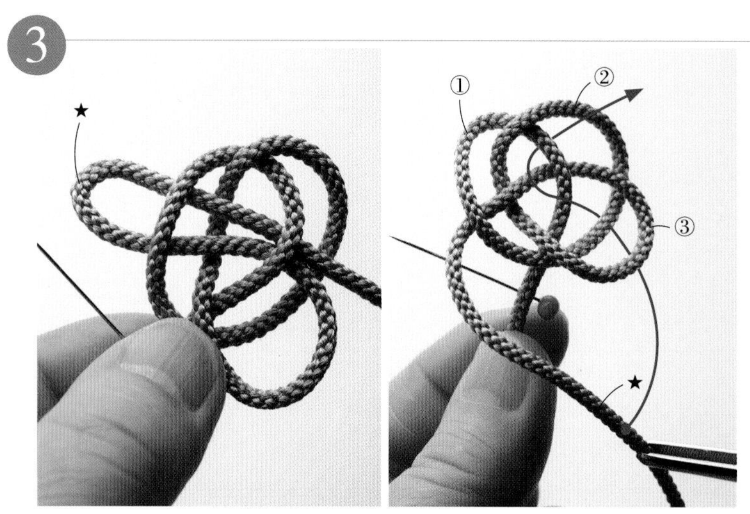

使右边绳子（★）从两个绳环中穿过，做第三个绳环。

4

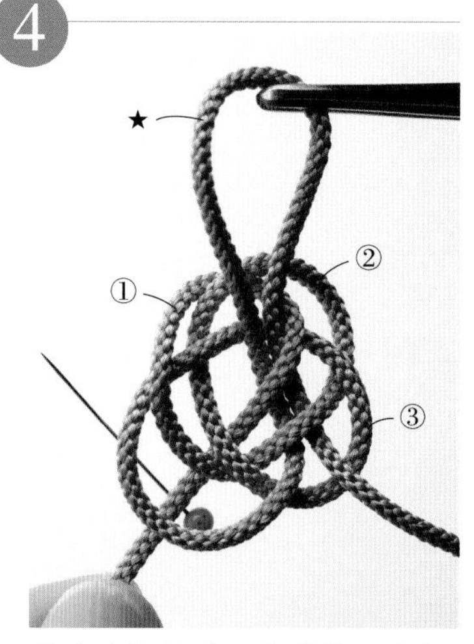

使右边绳子（★）从第三个绳环中穿过。

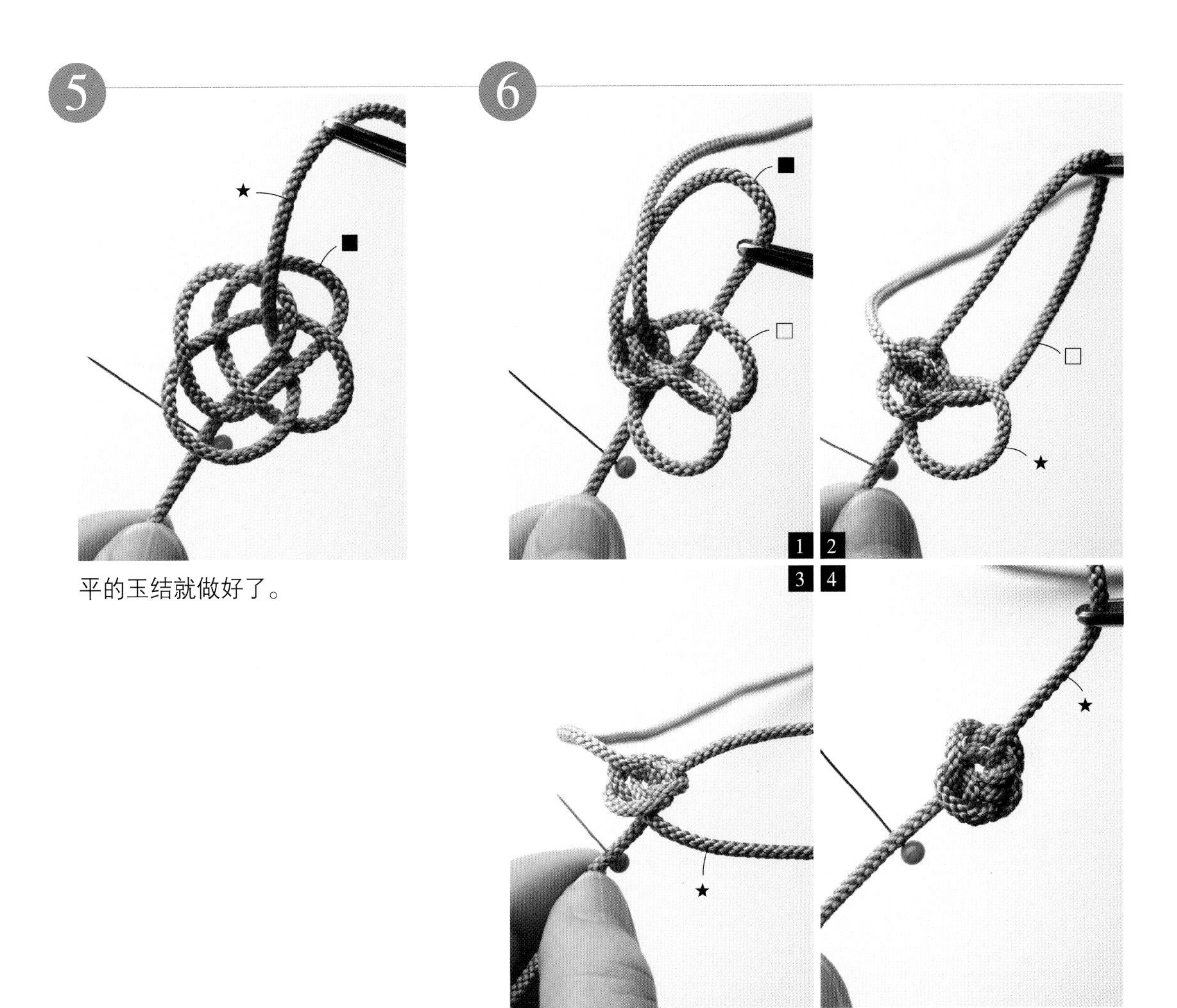

5 平的玉结就做好了。

6 按照■、□、★的顺序系紧，使之变小。

7 用手指将勒紧的绳子弄成圆形。

8 进一步将松弛部分系紧，作出圆滚滚的球形。

球形绳结2

释迦结

因打好的结形状宛如释迦佛祖的头那样凹凸有致而得名。别名“释迦头”。打在绳子前端，起固定作用。

❖释迦结的打法示意图在 95 页

用粗2mm的绳子打出的释迦结。用做纽扣时，可以先作出缝制时用的绳环。打一个释迦结需要60cm的绳子。

1

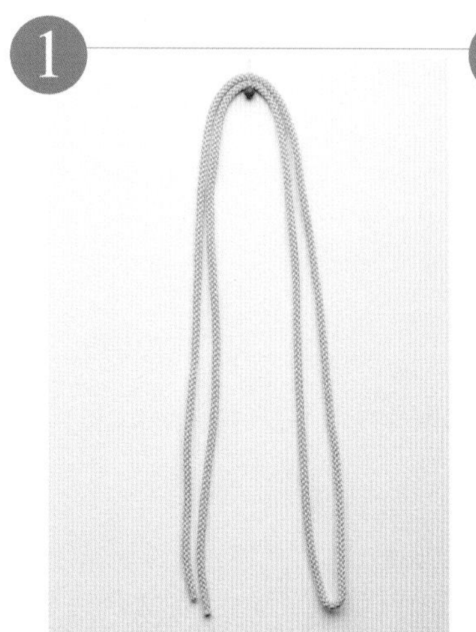

将绳子分为两股，再对折，并在中心插入大头针。

2

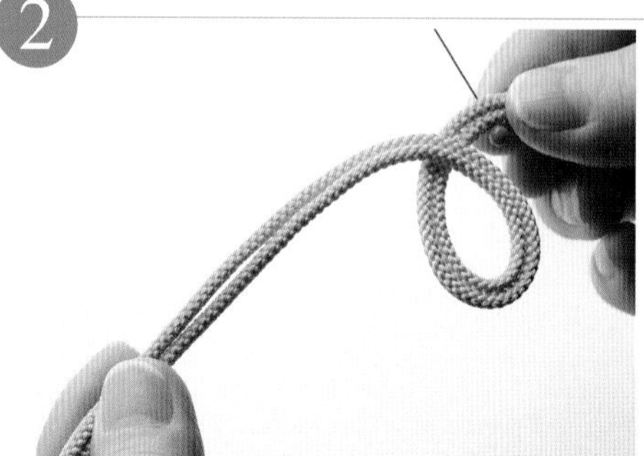

用左边的绳子做绳环。

3

再用左边的绳子从❷的环背面绕过，搭在环的中央位置。

4

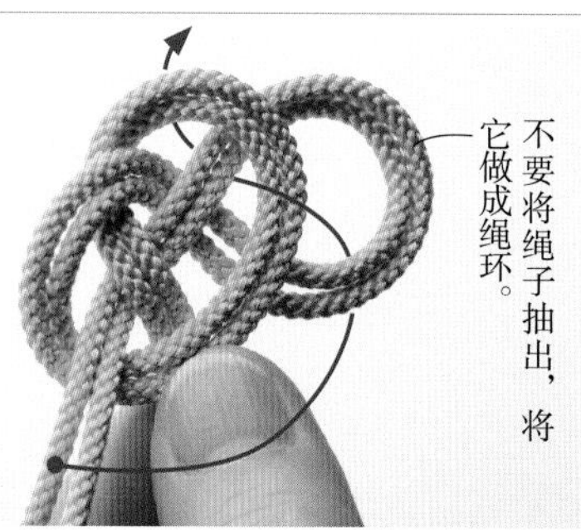

将右边的绳子从右往左拉，从绳环中穿过。

5

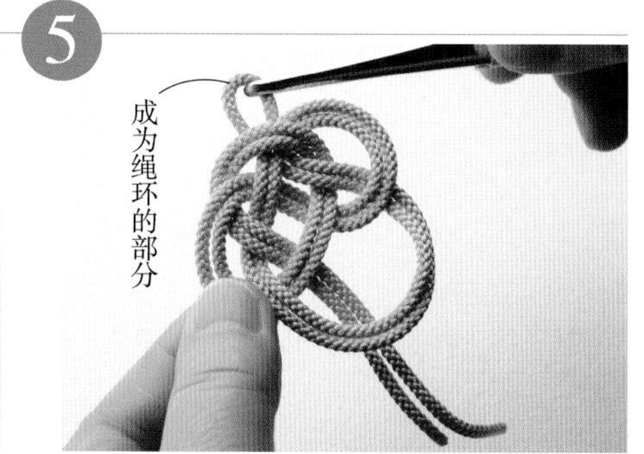

将右边的绳子从左往右拉，从绳环中穿过。

6

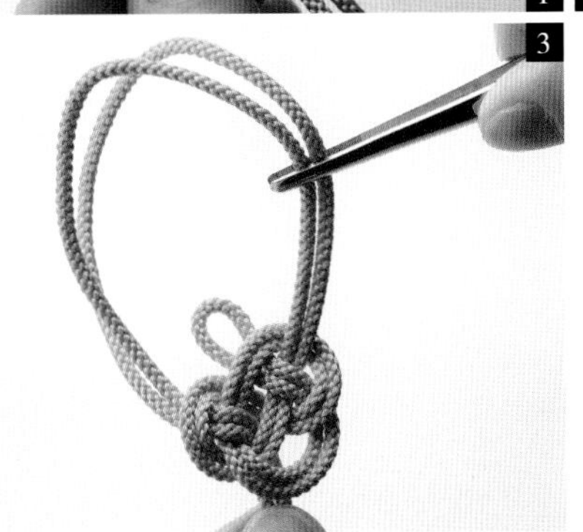

1 2 3 把用作绳环的部分留出 5mm，剩下的绳子按顺序抽紧。

7

平面的释迦结就做好了。然后系紧绳子，做成球形。

8

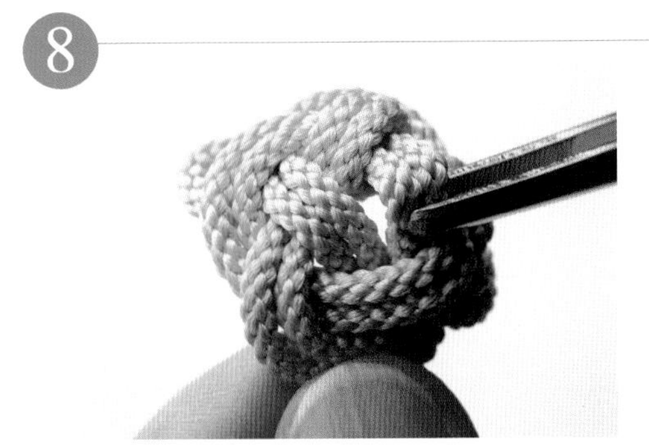

用镊子往上拉绳子的同时用手指将它捏成圆形。

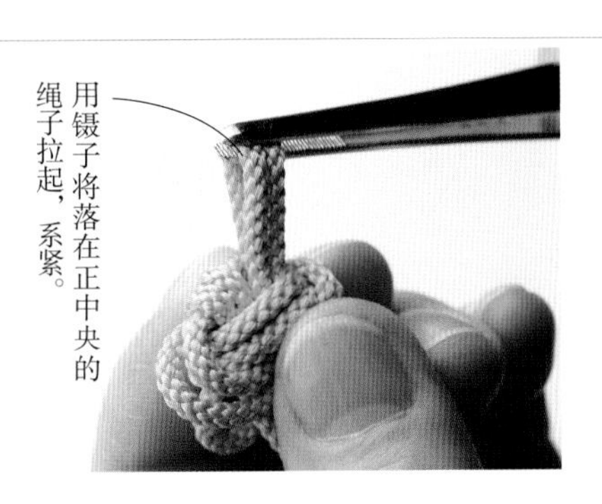

用镊子将落在正中央的绳子拉起，系紧。

9

为了避免绳环向下凹陷，在绳环部分系上其他颜色的绳子，作为标记。

10

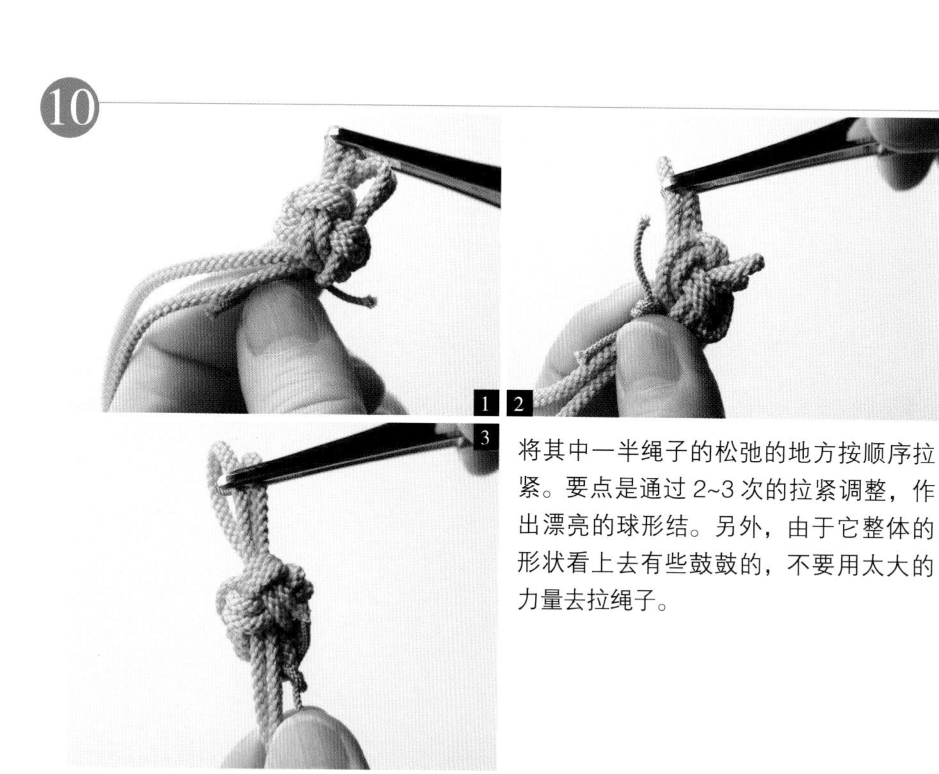

将其中一半绳子的松弛的地方按顺序拉紧。要点是通过 2~3 次的拉紧调整，作出漂亮的球形结。另外，由于它整体的形状看上去有些鼓鼓的，不要用太大的力量去拉绳子。

11

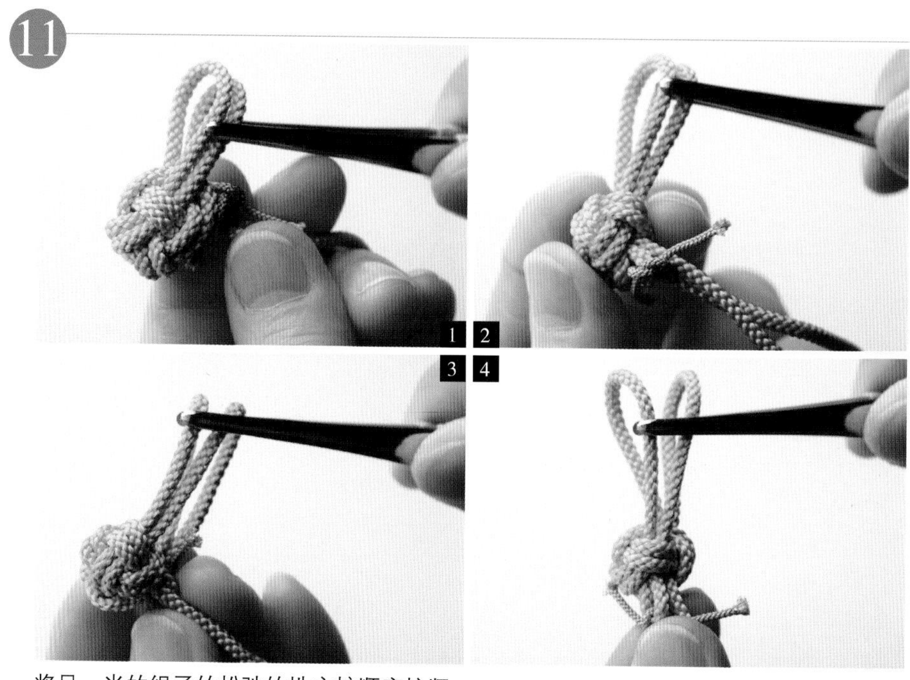

将另一半的绳子的松弛的地方按顺序拉紧。

12

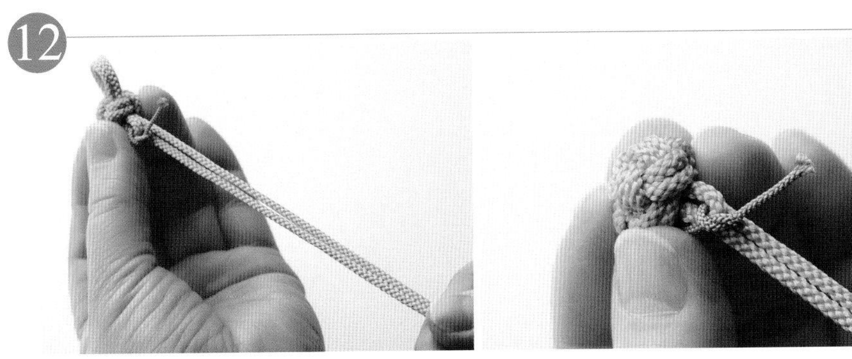

最后，拉伸剩下的绳子，释迦结就打好了。之后将作为记号的绳子取下。

13

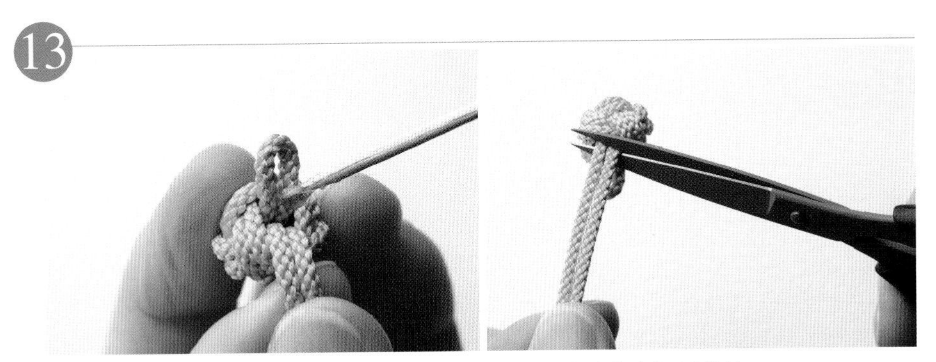

在绳环和剩下的绳子间的缝里涂上黏合剂，将球以外的多余绳子剪掉。

14

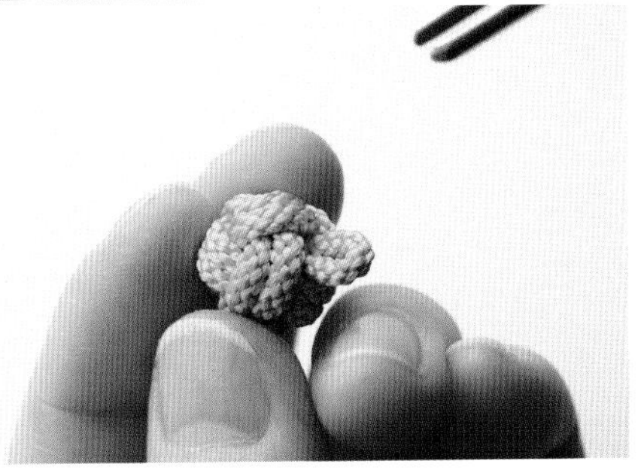

用镊子将绳子的切口塞到球里就大功告成了。

做好的释迦结，除了可以用作纽扣，也可以插入发卡，也可以几个放到一起并插入别针，有各种各样的玩法。

球形结做的

项链

将球形绳结穿成一串的优雅设计

有珍珠项链的感觉，任何年龄的人都可以使用。由于两端用绳结固定，可自由调整长度。可直接接触皮肤，放在衣服的领口下也很好看。

结：玉结

做法：82页

玉结打法 ❖ 50、95页

使用白色绳子编的玉结，再配以同色系的小圆珠的长项链。适合稍微正式一些的服装。两端使用金属零件。全长约86cm，玉结共计61个，小圆珠共计60个。

要是喜欢时髦而成熟的感觉，推荐用黑色绳子搭配朴素的圆珠的组合。

短项链：两端是绳子，全长100cm，玉结共计31个，圆珠共计30个。

球形结做的

装饰纽扣

释迦结打法 ❖ 52、95页

缝在衬衣的袖口处，不经意间透出股时尚气息

缝在纯色的衬衣或外套上，衣服给人的感觉就会不一样。纽扣洞比较小时也可以直接把它缝在上面当做装饰扣。

结：释迦结

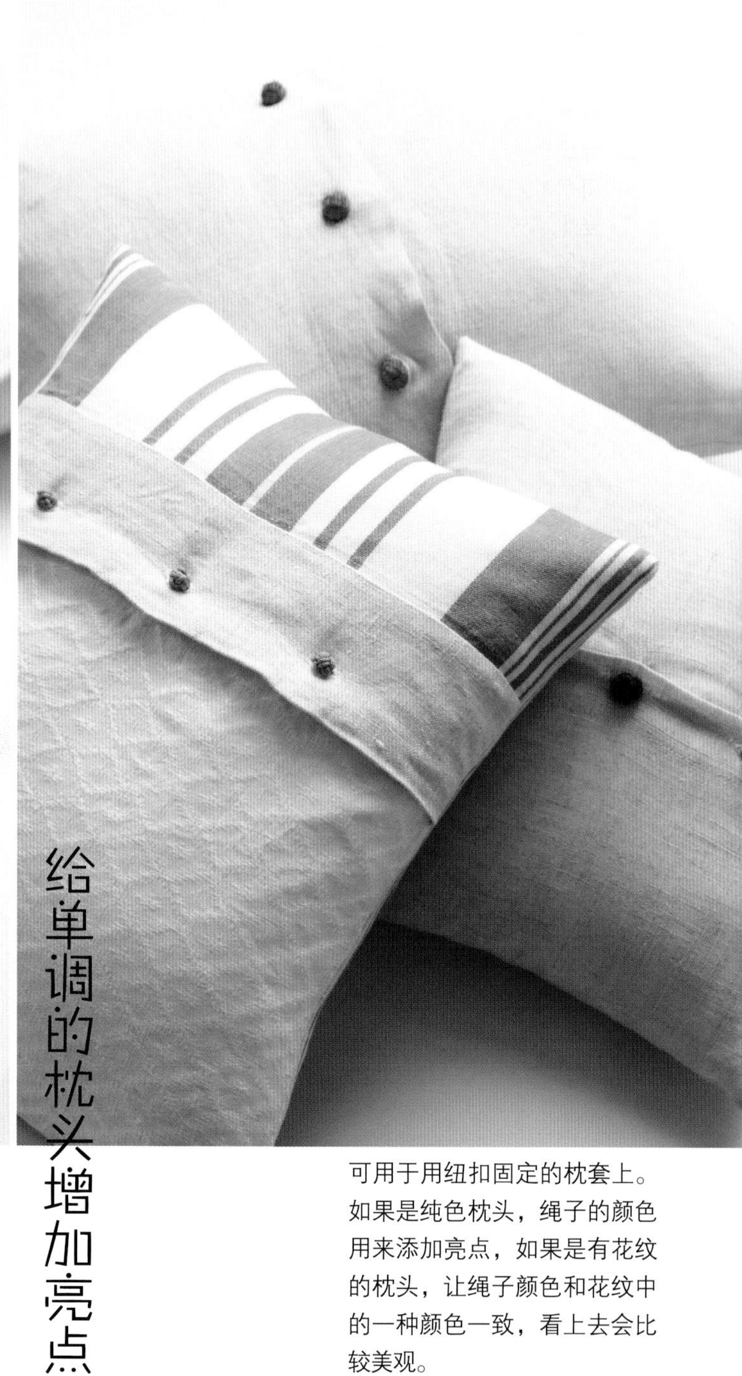

给单调的枕头增加亮点

可用于用纽扣固定的枕套上。如果是纯色枕头，绳子的颜色用来添加亮点，如果是有花纹的枕头，让绳子颜色和花纹中的一种颜色一致，看上去会比较美观。

球形结做的

袋子的装饰绳

释迦结打法 ❖ 52、95页

常用于绳子末端的释迦绳结也可以用于袋子、荷包的装饰绳。在末端系上一个圆形的结就可以使袋子的风格发生改变。先将绳子穿过袋口，再在末端打出球形结。

结：释迦结 做法：84页

荷包做法：85页

仕服结

打出近在身边的当季花形结。三个结的打法都一样，在打好之后，在五个绳环上各自编出形状就成了梅（上）、桔梗（中）、樱花（下）

“仕服”是指用来装茶具的袋子。用系紧袋口的圆环的状态表现出花朵、蝴蝶、蜻蜓等纹理的绳结叫做“封印结”，是装饰绳结的一种。它是随着茶道的发展，在室町时代产生的。当时，绳结起到了关键性的作用。因为身处乱世的当权者们常常面临有人在饮食中下毒等状况。因此，为了防止异物被装进茶具袋，人们打出一些只有自己知道打法的神秘绳结。这样即使他人解开绳结下毒，却无法将绳结复原，别人就会知道有人做了手脚。这在当时是一种无法学习与无法传授的绳结，如今，茶道广为普及，茶具袋结的实用性和秘传性不断减弱，而装饰性和玩赏性不断增强。

这里介绍的茶具袋绳结是从江户时代的典籍中复原出来的。

真封，也叫做千代久结。正中间有漂亮的四方形结，那就是封印。只有知道打法的人才能解开。

蝴蝶优雅的翅膀令人印象深刻（上），拥有一双可爱眼睛的引人注目的蝉（中），拥有一双大气的翅膀的蜻蜓（下）。蜻蜓分雌雄，图片中的是雌蜻蜓。虽然看上去没什么区别，但是打法完全不一样。解开时，雌雄两种都是先拉头部。

每个季节都能欣赏的樱花结

仕服结做的

画框装饰

将传统的仕服结作为室内装饰来装点现代生活，要点是配合空间以及考虑绳子颜色与画框的框边和材质的搭配。搭配白木画框时，使用色彩明亮的绳子会给人一种休闲清爽的印象。打仕服结时，使用绢绳比较容易打出形状。

结：樱花结（88页）

做法：86页

制作装饰绳结所用的材料和工具

任何一种绳子都可以打结，但选择恰当的绳子会更便利，做出的效果也会好。另外就是准备剪刀、镊子、标尺、大头针等常用的工具。

绳子

本书中的作品所用的绳子都是拥有绢的质感的聚酯圆绳（截面是圆的）。虽然是合成纤维、由于加工工艺出色，适合用于装饰绳结。46 页到 47 页的和服小饰品以及 62 页的画框装饰使用的是比较容易塑形的绢制绳子（3mm）。由于各种色彩的绳子都有，可以根据自己的喜好选择。聚酯绳的宽度有很多种，比较适合使用的有 1mm、1.5mm、2mm、4mm 四种。可以根据要做的作品选择。即使是同一个作品，由于所用绳子的粗细不同，做好之后的样子也不一样。绳子可从和服小饰品店和大型手工艺用品店购买。

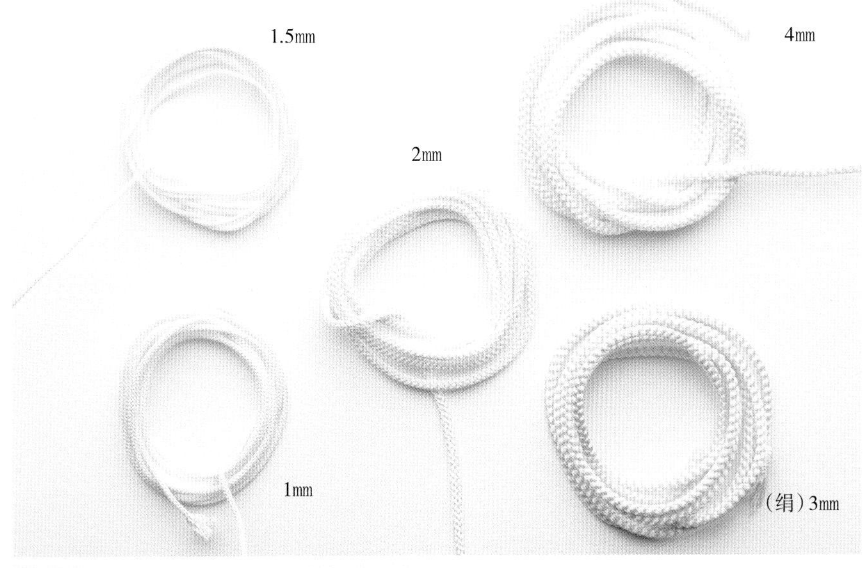

装饰用的小圆珠可根据个人喜好选择，根据所用绳子的粗细配合使用。

制作胸针、项链、挂坠、眼镜用挂绳等物品时需要用到专业的金属零件。可从手工艺用品店购买。

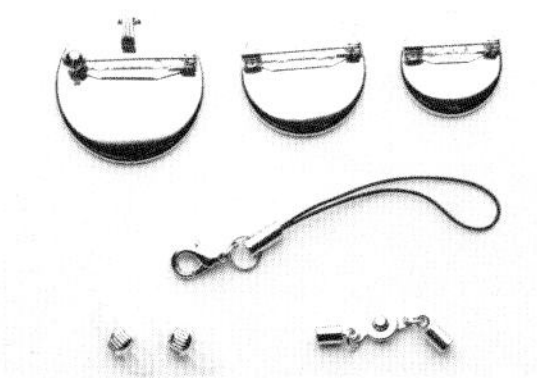

工具

❶ 剪刀
前端较细的剪刀比较好用
❷ 锥子
用于隐藏绳子的端头
❸ 镊子
用于使绳子穿过小的绳环等
❹ 大头针
用于固定绳子和记号
❺ 牙签
用它来蘸取黏合剂
❻ 黏合剂
用于固定绳子端头和用作亮点的金属零件等
❼ 标尺
用于测量绳子的长度，也可用卷尺。

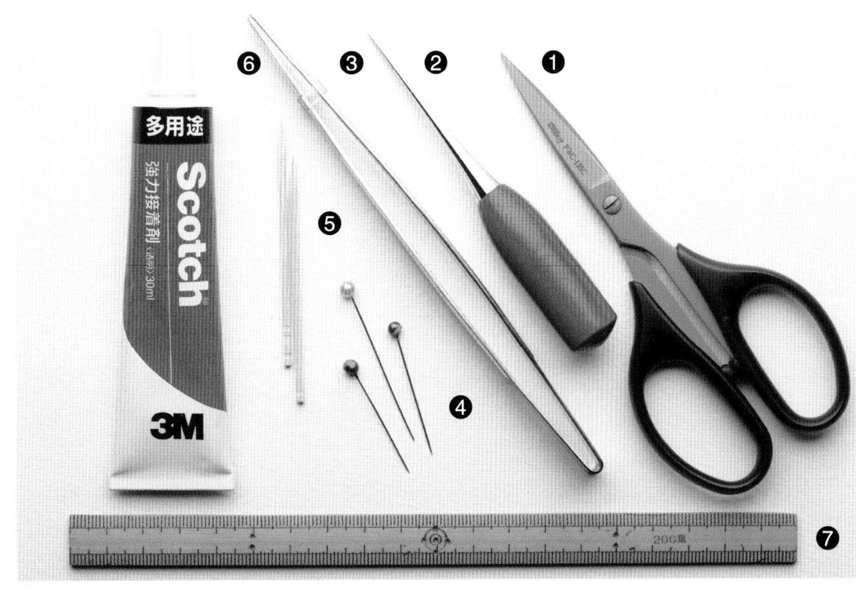

作品 ❖19页

左右结挂坠

左右结打法 ❖ 6、89页

成品尺寸=长13cm
绳子=粗1mm
用 75cm×2根（根据喜好选择颜色）
挂坠用金属零件1个

金属零件有金色和银色的，根据绳子的颜色和个人喜好选择。

1

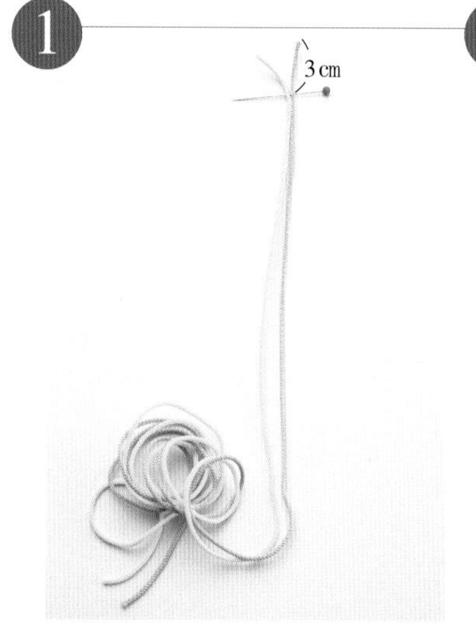

将两根绳并排放到一起，在从绳端起3cm的地方插入大头针。

2

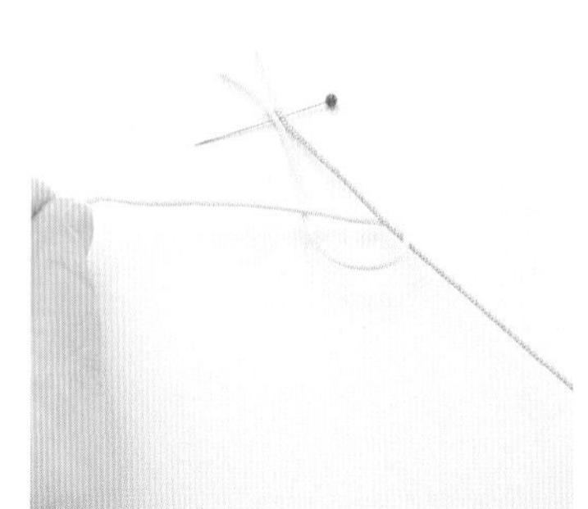

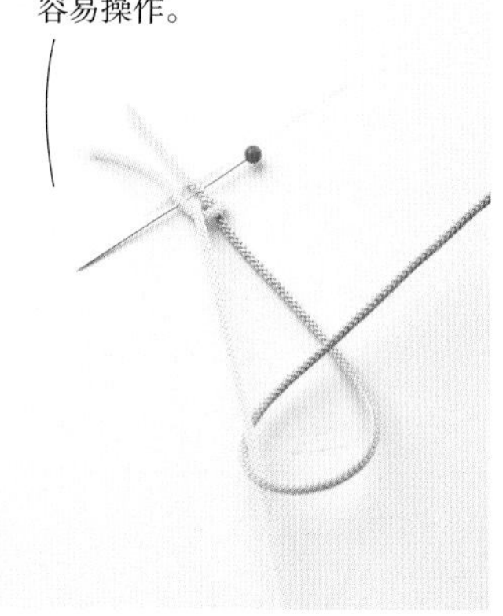

以右边绳子（紫色）为绳芯将左边的绳子（浅蓝色）系到右边的绳子上。接下来，以左边绳子（浅蓝色）为绳芯将右边的绳子（紫色）系到右边的绳子上。

3

这样一左一右地重复，打出需要的长度。要点是拉紧左右的绳子，系紧结扣。

4

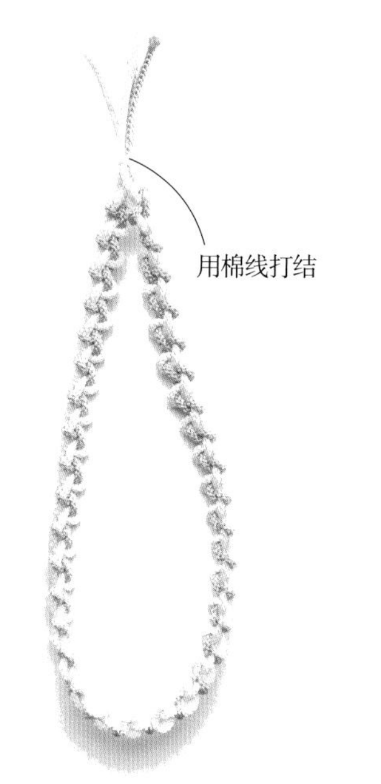

打出大约26cm的绳子后，在绳子的一端留出3cm，剪去多余的绳子。将绳子对折，在给4根绳子的绳端打结时牢牢系好。

5

在绳子之间涂上黏合剂。当需要将黏合剂涂到细小的地方时，使用牙签会比较方便。

6

用手指捏住，使黏合剂和绳子充分接触。

7

在打结的棉线往上5mm处用剪刀剪断。稍微斜着一点剪比较容易穿进挂坠用的金属零件。

8

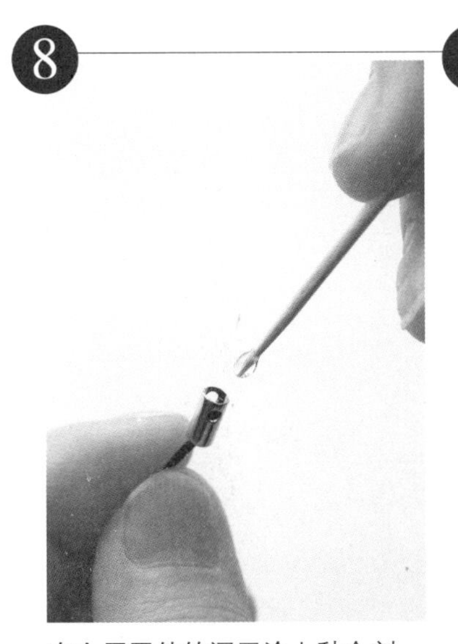

在金属零件的洞里涂上黏合剂。

9

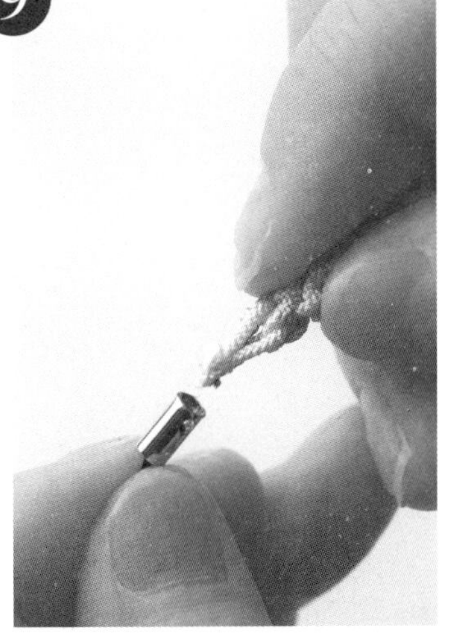

将打上结的绳端放入金属零件的洞里，保持5分钟左右，使之充分黏合。

10

完成。

作品 ❖18.19页

蜈蚣结挂坠

蜈蚣结打法 ❖ 12、91页

成品尺寸=长13cm,
绳=粗1mm、长80cm × 2根
长30cm × 1根
挂坠用金属零件1个

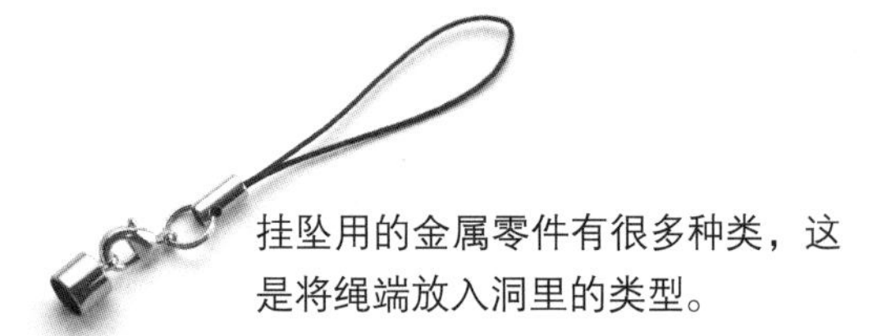

挂坠用的金属零件有很多种类，这是将绳端放入洞里的类型。

1

将用作绳芯的绳子放到正中间，将三根绳子并排放到一起。将三根绳子的绳端放到一起，并用线系紧。

2

将左边的绳子从绳芯的下方往右穿，用右边的绳子撑起左边的绳子，从绳芯的上方穿过绳芯往左。

3

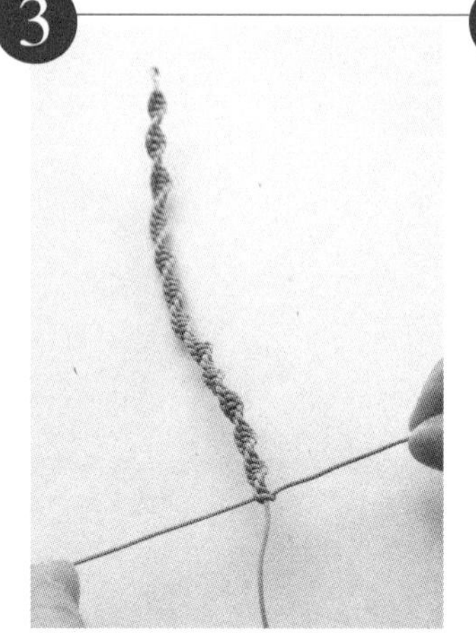

重复2的动作，打出需要的长度，绳子会自然发生扭曲。

4

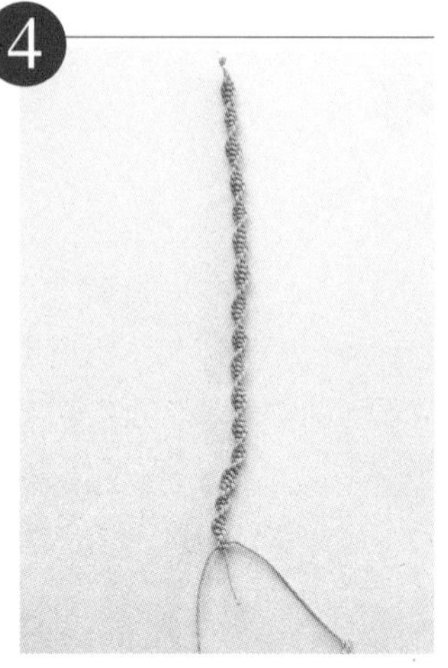

将成为绳芯的绳子留下1~2cm，并将3根绳子剪成同等长度后用黏合剂黏到挂坠金属零件里。参见65页。

作品 ❖18页

细小结挂坠

细小结打法 ❖ 8、89页

成品尺寸=长约13cm
绳子=粗1.5mm，长140cm × 1根
圆珠=大的1颗（洞的直径3mm以上）
小的10颗（洞的直径1.5mm以上）
挂坠用金属零件1个

也有比较好用的钥匙扣型的金属零件。

1

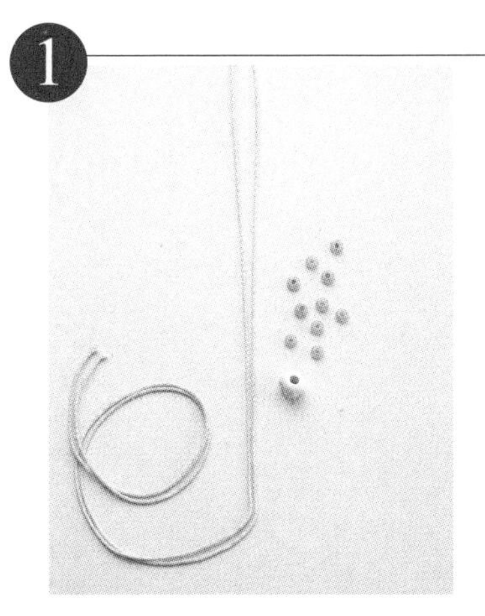

将绳子对折，绳环朝上。

2

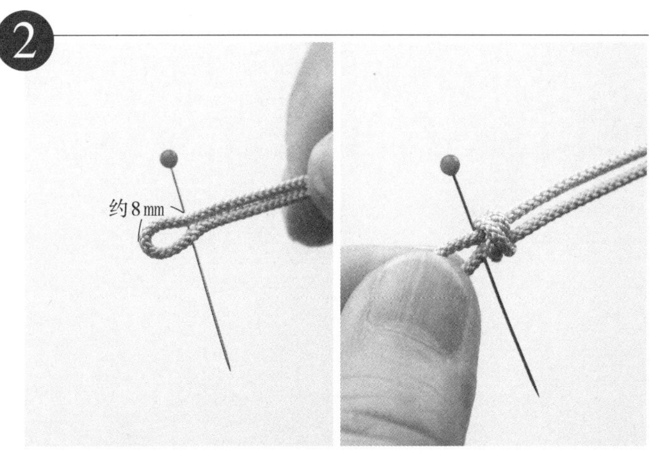

在离绳环8mm的地方插一根大头针用作记号，打出细小结。

3

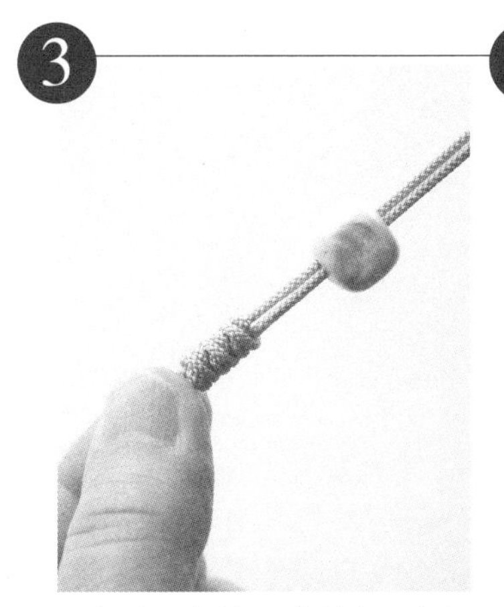

再打出2个结，连续打3个细小结，之后穿入大圆珠。

4

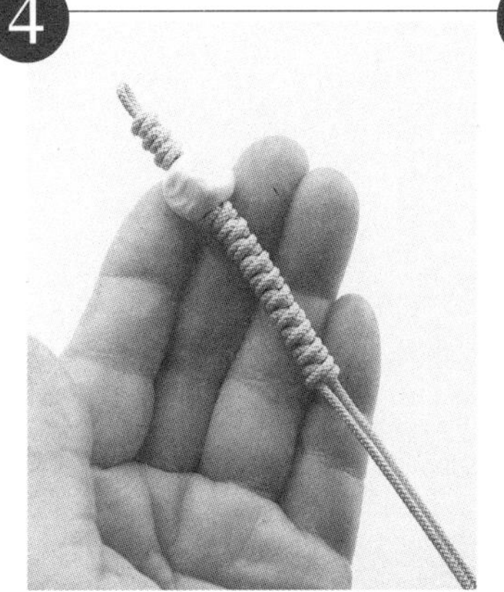

顺着大圆珠连续打10个细小结。

5

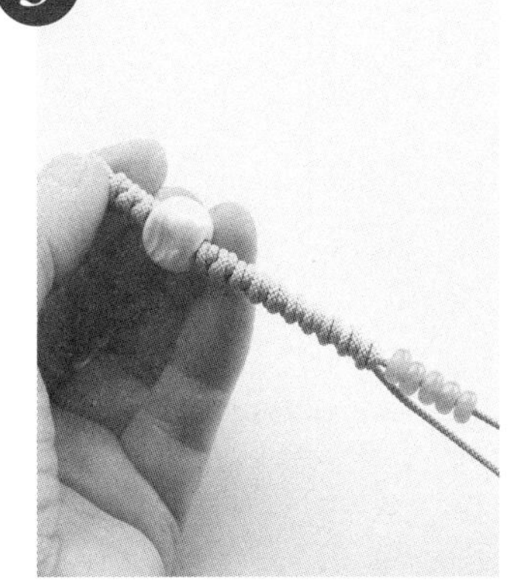

在两根绳子上各穿入5颗小圆珠。

6

在绳端处打一个结，留出5mm，然后剪断绳子。这时，稍微错动两个结的位置，不仅圆珠穿得稳，也能保持平衡。用镊子拆开绳端。

7

用挂坠金属零件固定住另一头的绳环。

作品❖21页

角结做的包包提手

角结打法❖10、90页

成品尺寸=长45cm
绳子=粗4mm、长200cm×4根

绳子的长度按照需要长度（包的提手）的4倍的基准来准备。
绳端的绳穗子的长度根据个人喜好决定。

1

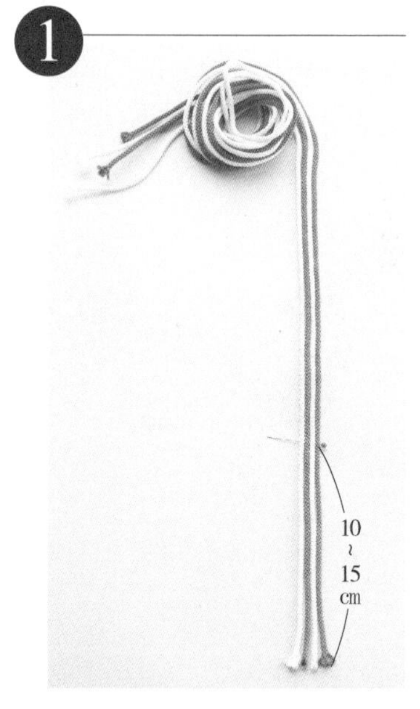

将4根绳并排放到一起，在离绳端10~15cm处插一根大头针做记号。

2

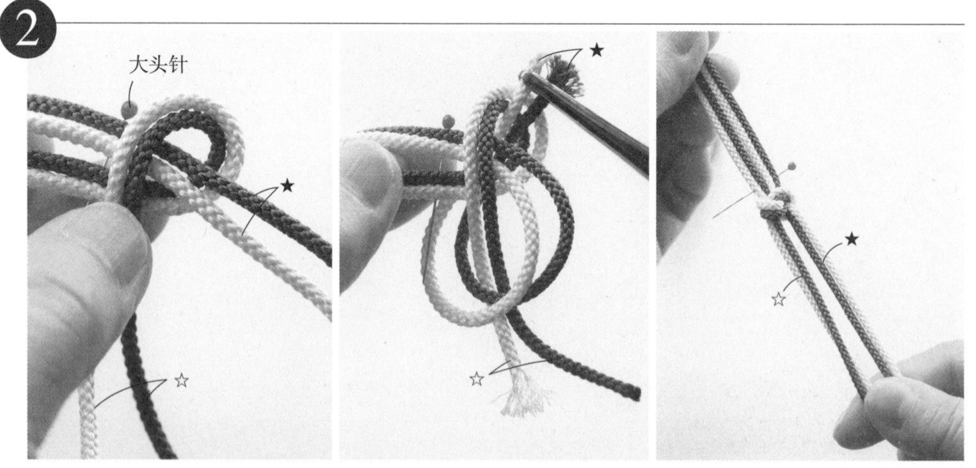

在大头针下面打一个头穗结，以防止绳子散开。头穗结用左边的绳子（☆）做绳环。右边的绳子（★）往左边的绳子上方穿过，再从下往绳环中穿，作出结扣。

3

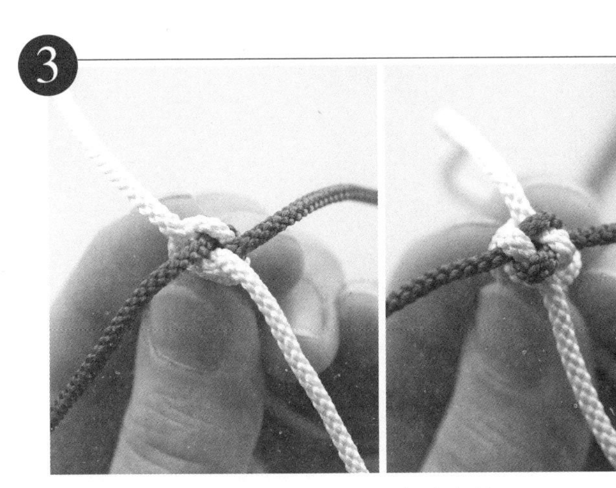

将4根绳子分为上下左右四根绳，打出角结。

4

连续打角结，直到打出必要的长度。

5

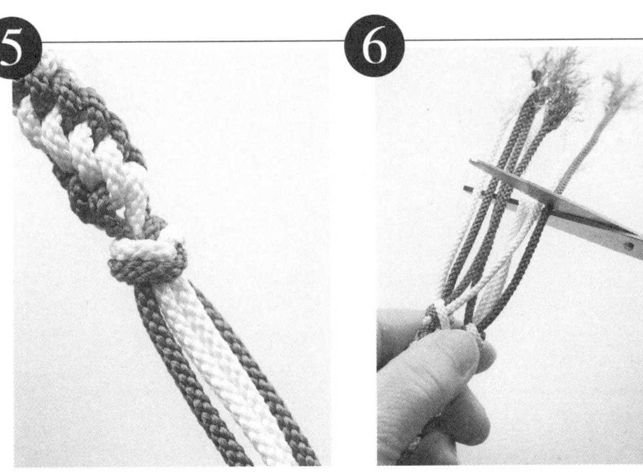

最后再打一个头穗结以防止绳子散开。

6

留出必要的长度（约5cm左右），将4根绳子剪成同样长度。

7

用镊子将绳端弄散。

8

弄散的穗子会发生卷曲，用熨斗或烧水壶的蒸汽整理穗子，效果很快就能出来。

作品❖22页

细小结眼镜挂绳

细小结的打法❖8、89页

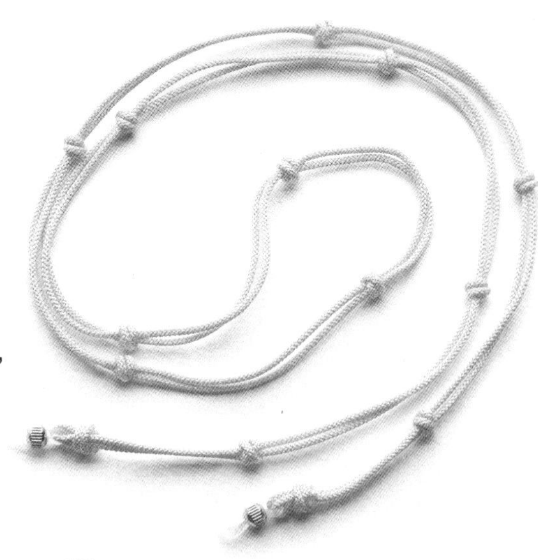

成品尺寸=全长90cm
绳子=粗1.5mm、长400cm×1根，
眼镜挂坠用的金属零件一个

眼镜挂绳用的金属零件
长约1.5cm

1

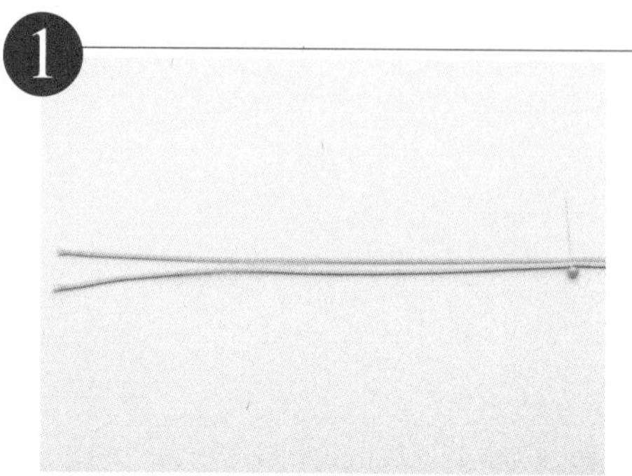

将绳子对折、将绳环朝左。在距绳环20cm处插一根大头针，剪断绳环。

2

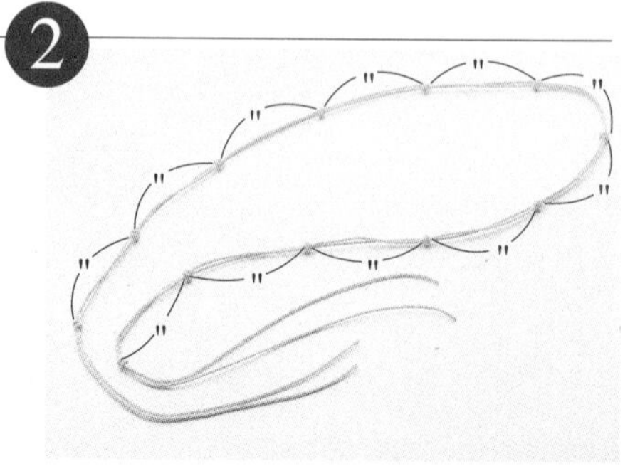

以7~8cm的间隔，总共打出12个细小结。细小结的个数可以随意设定，但是尽量等距离打结，这样打出的结做好后比较美观。

3

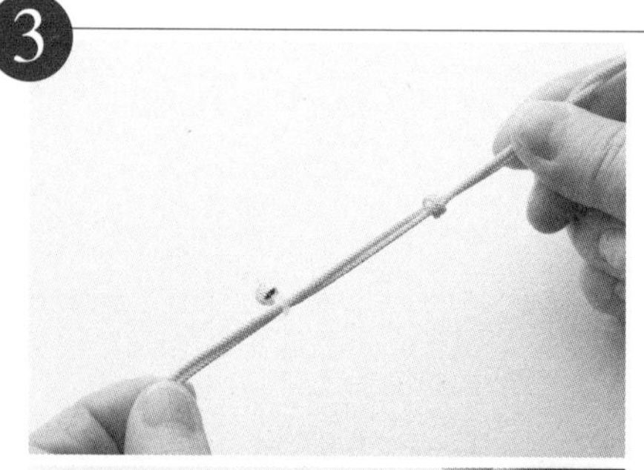

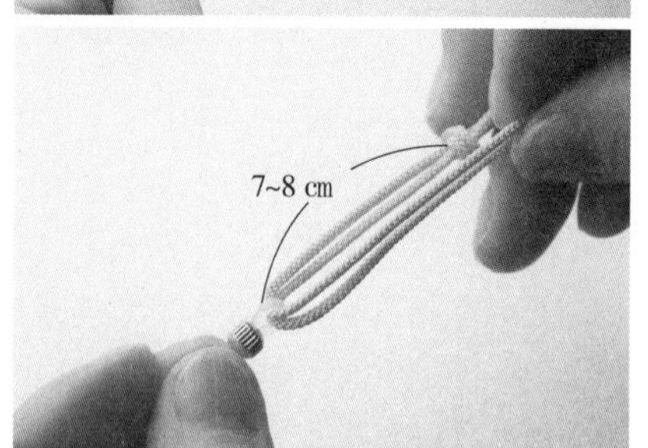

将绳子一端穿过挂坠金属零件，做出绳环。

4

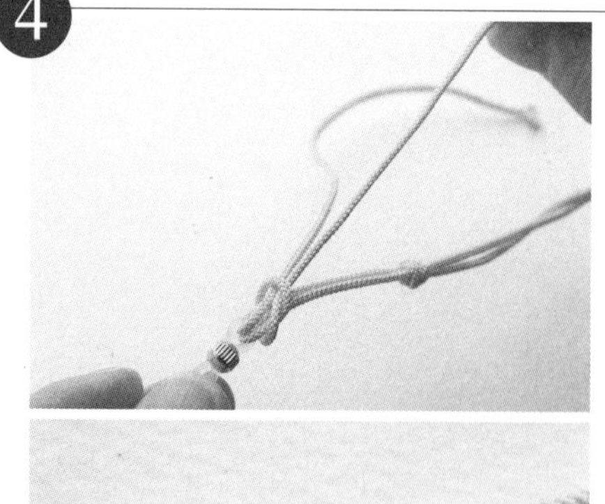

在金属零件的内侧打出细小结。

5

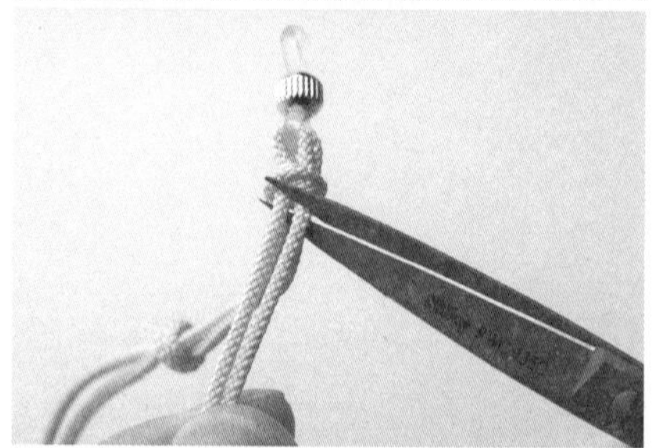

在绳子之间涂上黏合剂，将多余的绳子剪掉。在另一边用同样的方法穿上金属零件后就做好了。

作品 ❖ 23页

细小结做的手链

细小结打法 ❖ 8、89页
释迦结打法 ❖ 52、95页

成品尺寸=全长约20cm
绳子=粗1.5mm、长度300cm × 1根
根据个人喜好可以使用1个圆珠（洞的直径在1.5mm以上）

1

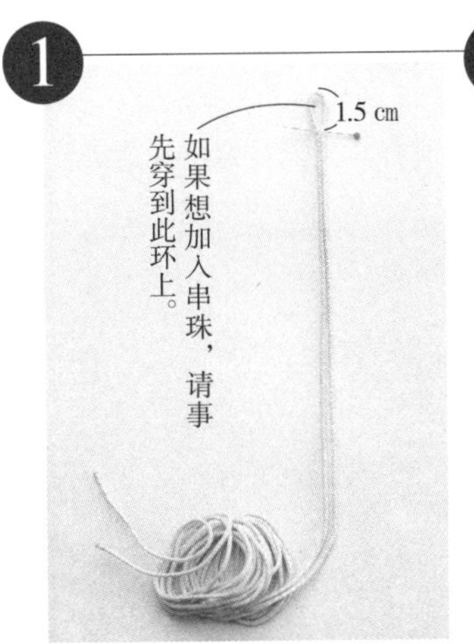

将绳子对折，在距绳环1.5cm处插入大头针。

2

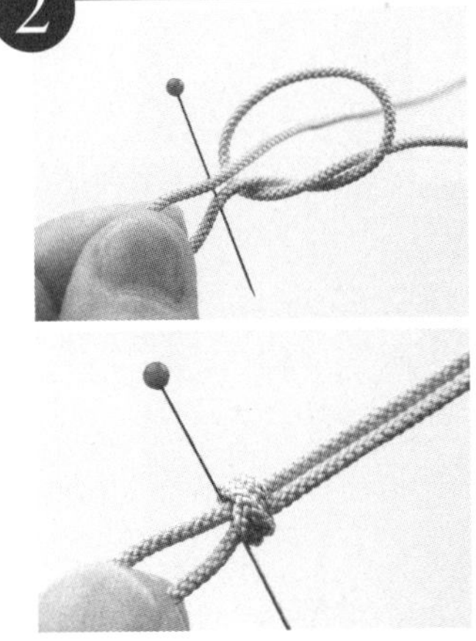

从大头针下方开始打细小结。

3

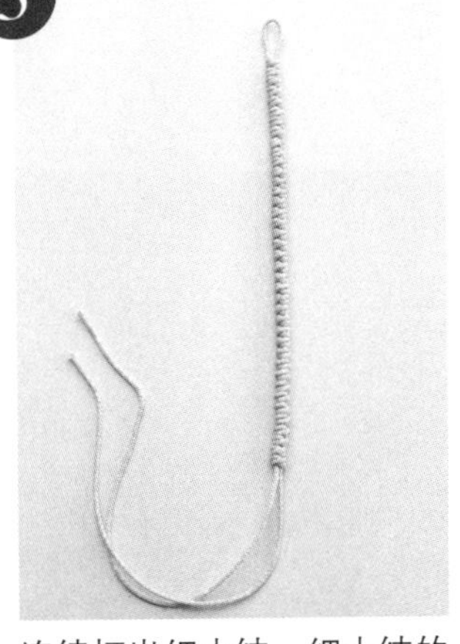

连续打出细小结。细小结的数量以38~42个为基准。

4

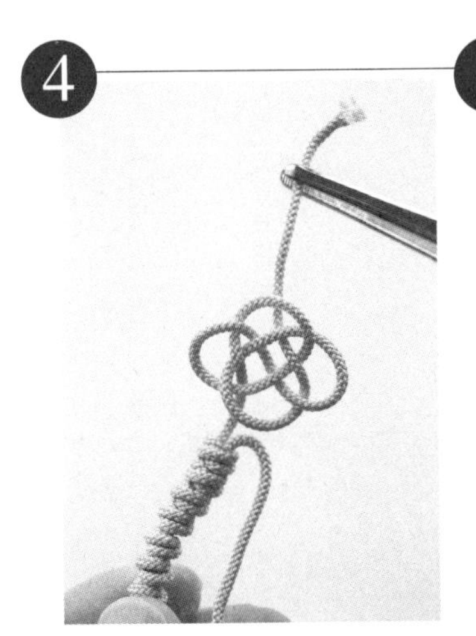

用剩下的绳子打释迦结。首先用一根绳子来打。

5

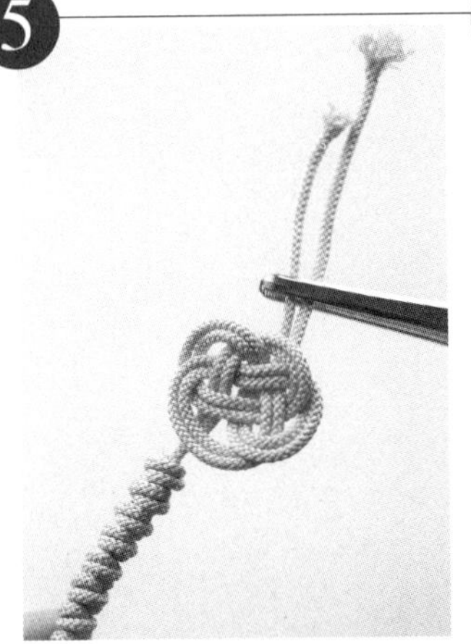

让另一根绳沿开始用到的绳子顺着刚才的样子打结，到达2根绳子都贴在一起的状态。

6

按照顺序打出结扣并做成球形。

7

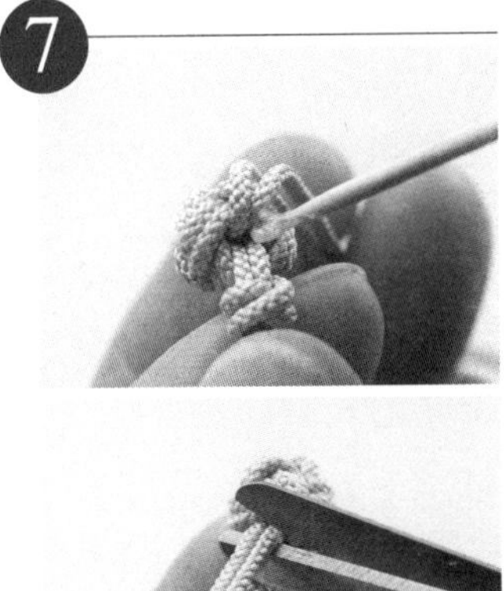

在绳子上涂上黏合剂，再剪掉多余的部分。

作品 ❖ 24页

蜈蚣结做的项链

蜈蚣结的打法 ❖ 12、91页

项链用的金属零件有各种样式。这种是扭动式的。

成品尺寸=全长60cm
绳子=粗1mm、长70cm × 1根
圆珠=1个（洞的直径3cm以上）
项链用的金属零件

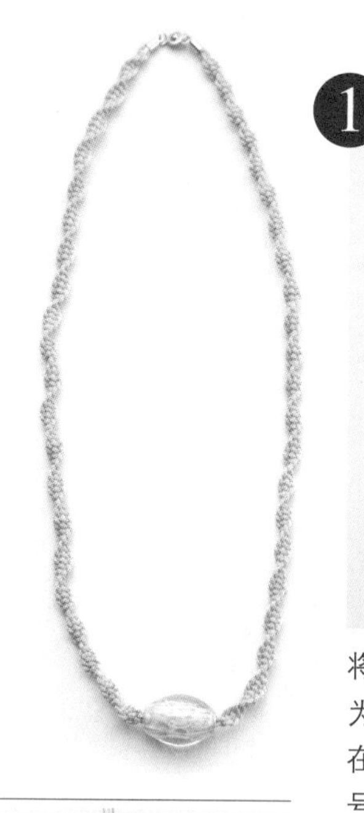

1

将3根绳子并排，并将成为绳芯的绳子夹在中间，在每根绳的中心插入作记号的大头针。圆珠的位置在大头针下。

2

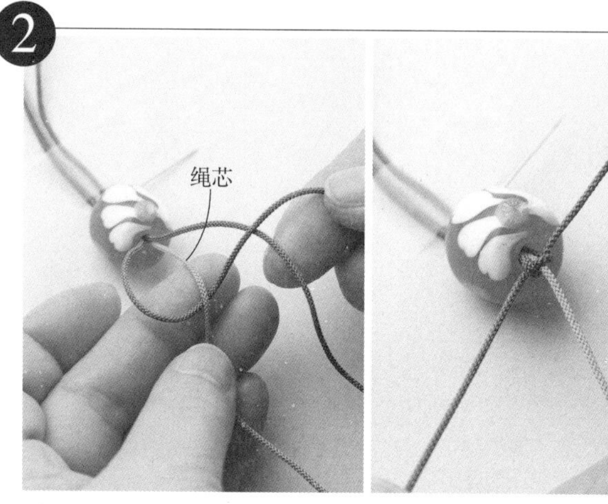

首先用圆珠以下部分打蜈蚣结。将左边的绳子从绳芯下方往右穿，用右边的绳子撑起左边的绳子，从绳芯的上方穿过往左。重复打结。

3

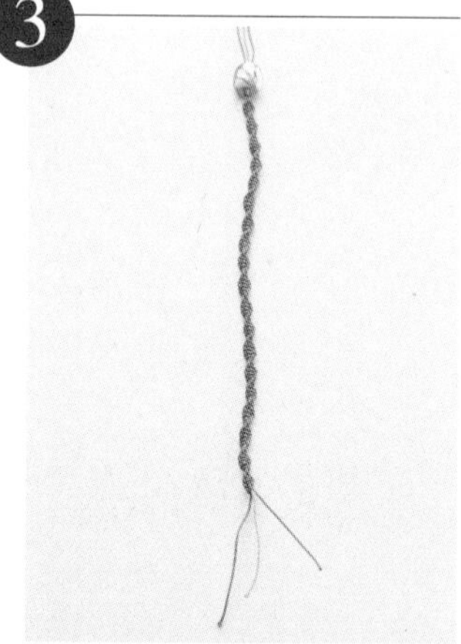

打出28cm长的蜈蚣结后的样子。

4

按同样方法在圆珠另一侧打蜈蚣结，打出约28cm。

5

确定圆珠两边的长度是否基本一致。

6

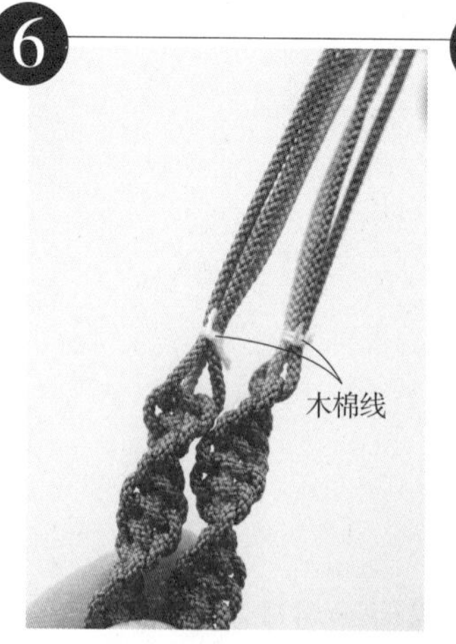

绳子两端打完结的地方用木棉线系牢。

7

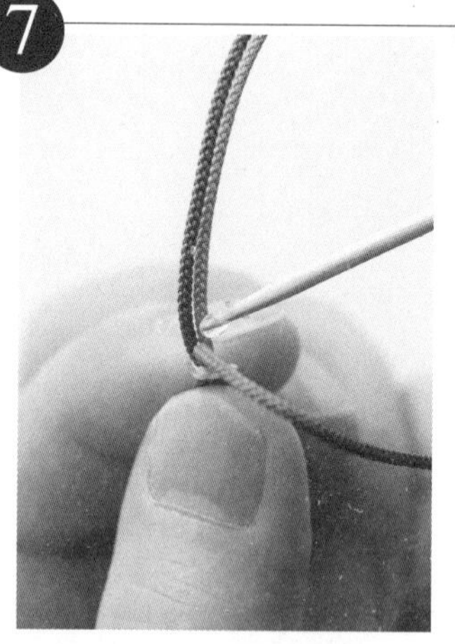

展开绳子，涂上黏合剂，在离绳端5mm处斜着剪断。

8

在绳结末端留出连结项链金属用的绳眼即完成。

作品 ❖ 38页

总角结做的装饰绳结

总角结打法 ❖ 26、92页

成品尺寸=宽5cm × 长10cm
绳子=粗1.5mm、长度适宜

1

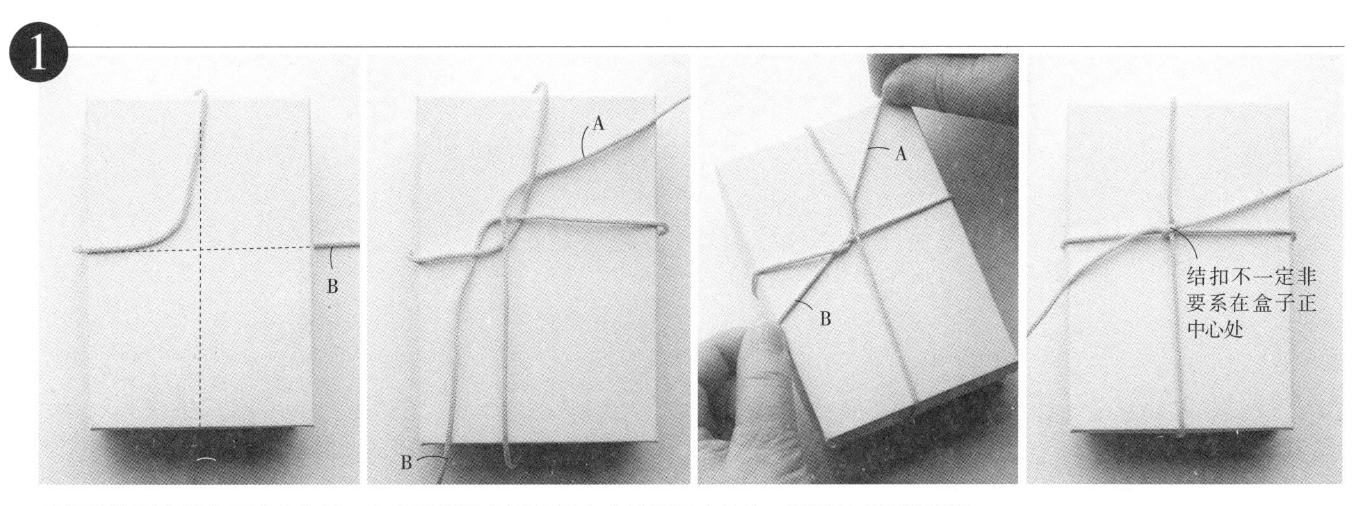

将绳子放到盒子上打出十字结。十字的摆法也可根据个人的喜好来决定，系紧结扣不留缝隙。

2

拉紧两根绳子后，在离中心4~5cm的地方，用左边绳子做出绳环。通过左边的绳环在右边也同样做出一个绳环。

3

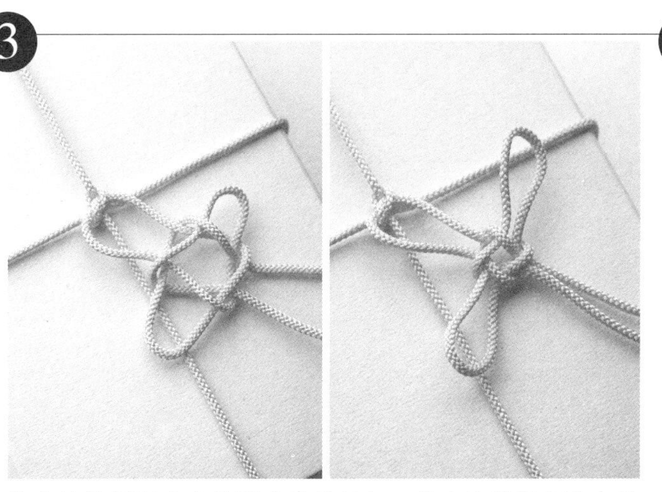

将左边的绳环中心放到右边的结扣，将右边的绳环中心放到左边的结扣，系紧。沿着绳子的走向一拉，漂亮的绳结就做好了。

4

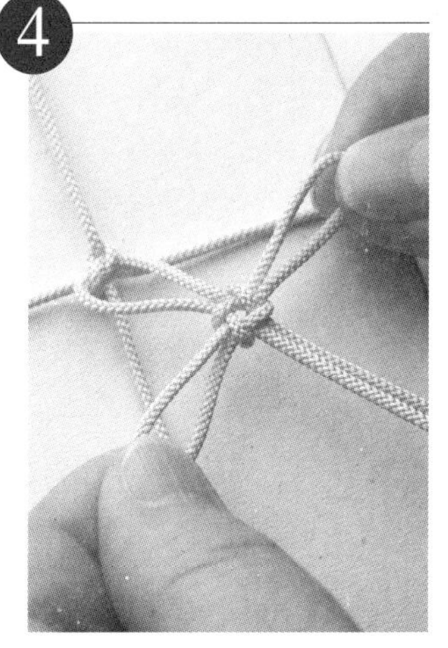

再将左右的结扣系紧，整理结扣的形状。上、左、右三个绳环长度一致会更美观。

作品 ❖ 40页

菊结手链

菊结的打法 ❖ 30、93页
释迦结的打法 ❖ 52、95页

成品尺寸=宽2.5cm × 长约20cm
绳子=粗1.5mm、长450cm × 1根

1

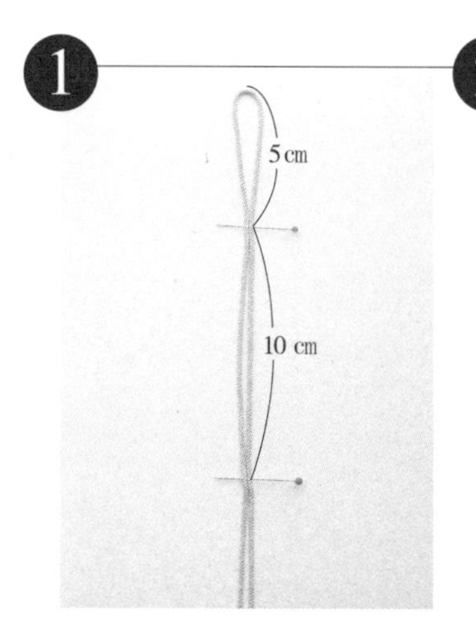

将绳子对折，在从中心向下5cm处，以及再往下10cm处分别插上大头针。

2

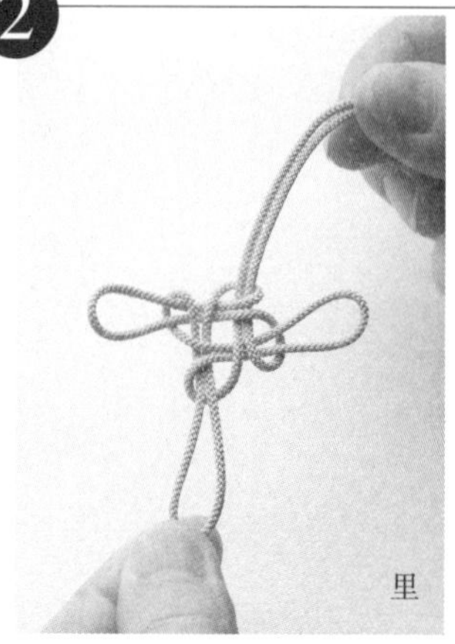

为了使上下两根大头针能贴到一起，做三个绳环，并按顺序折绳环两次，打出菊结。

3

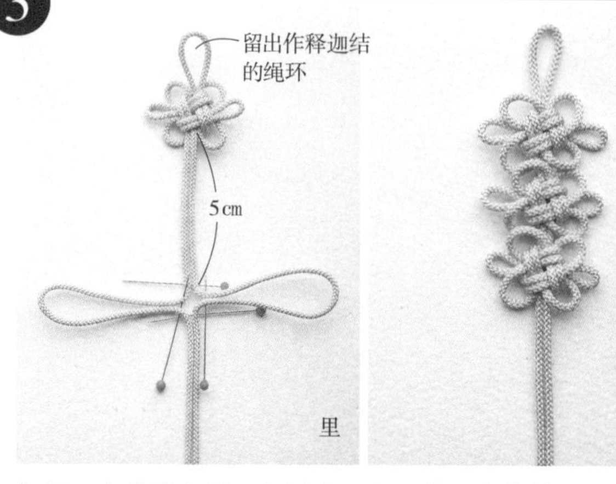

打好一个菊结之后，翻过来，在距第一个菊结5cm处，以及再往下10cm处分别插上大头针。用同样的方法来打菊结。

4

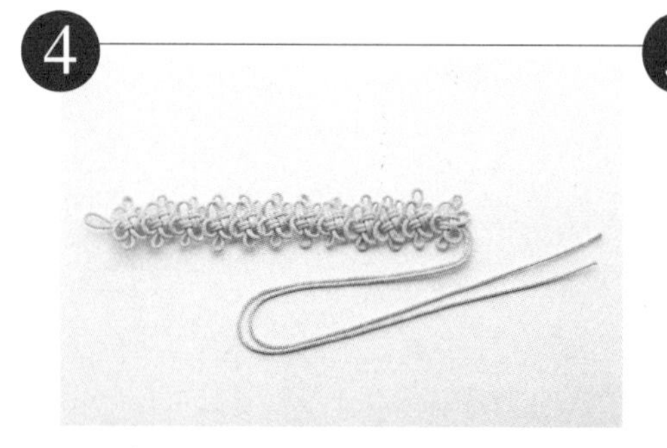

一共打出12个菊结。连续打结时尽量注意保持花瓣的形状完好。

5

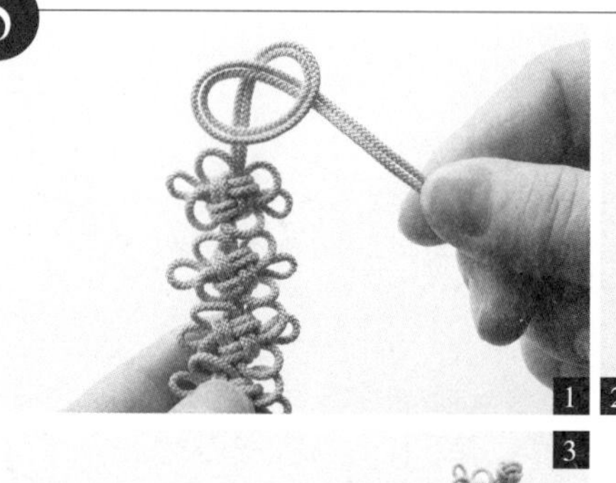

在绳端打一个释迦结，剪掉多余的绳子。

作品 ❖ 41页

淡路连项链

淡路连打法 ❖ 36、94页
细小结打法 ❖ 8、89页

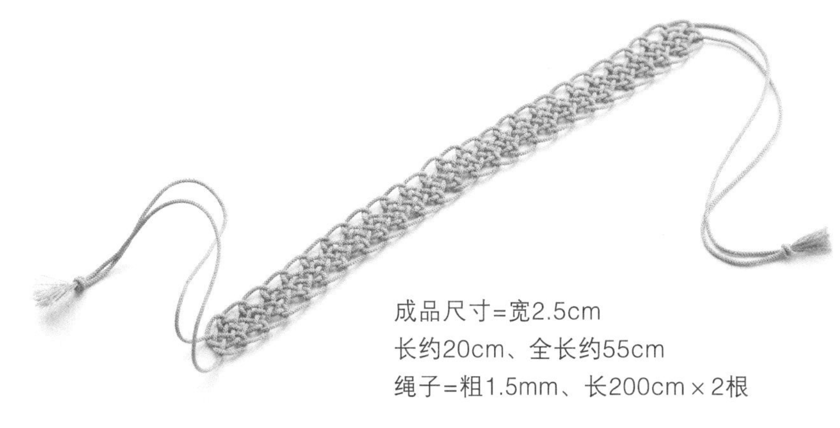

成品尺寸=宽2.5cm
长约20cm、全长约55cm
绳子=粗1.5mm、长200cm × 2根

1

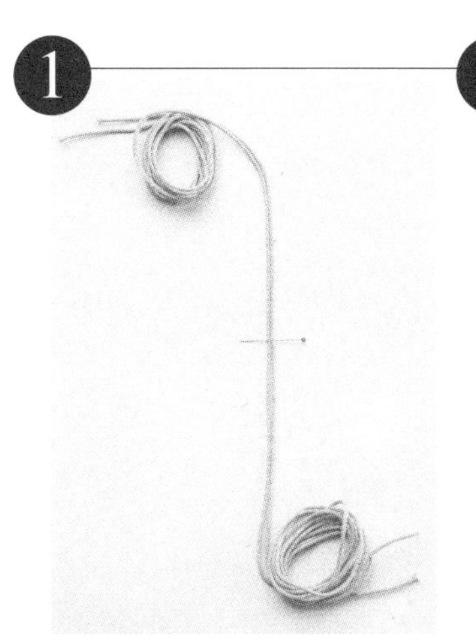

将两根绳子并排摆好，在中间插一根大头针。

2

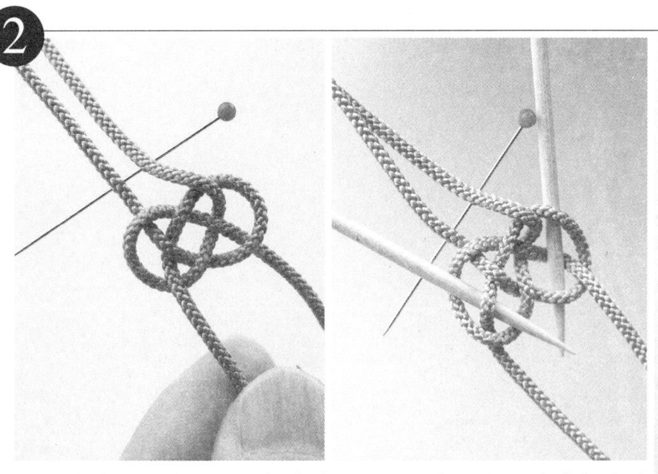

用左边的绳子做绳环，将右边绳子从左穿入绳环中来打出淡路结。使用牙签在大头针同一侧连续打12次。

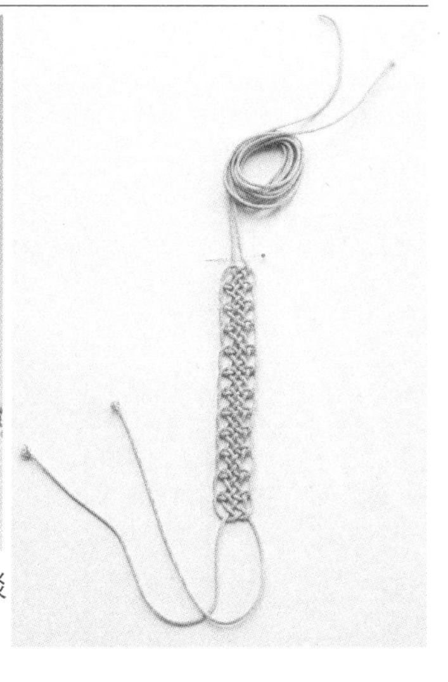

4

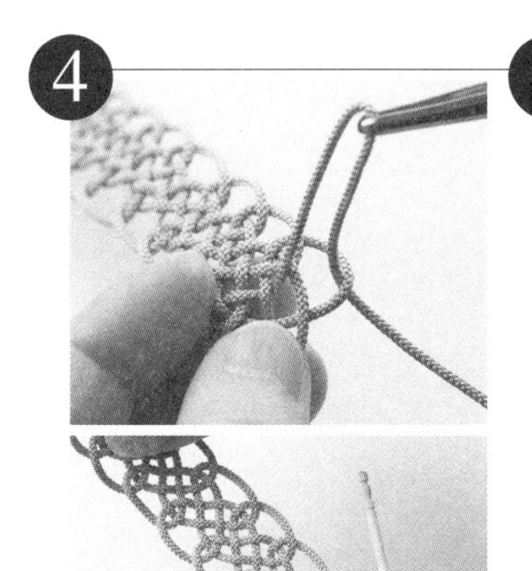

在大头针另一侧继续打结。在开始打结之前，将左右两边的绳子拿出之后插入牙签。

5

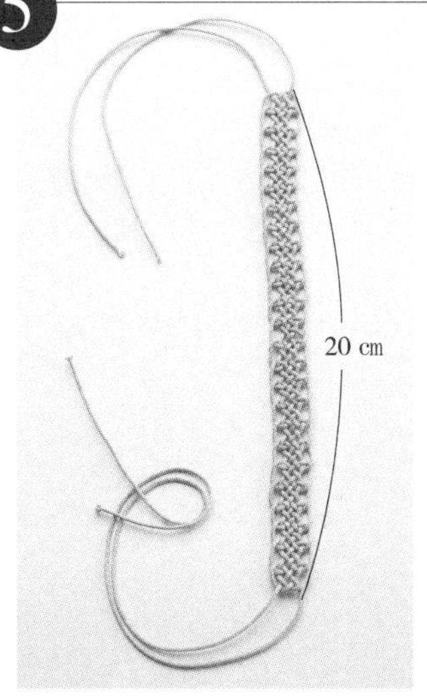

在另一侧也连续打12回淡路结。这样淡路连的长度约有20cm。

6

完成之后，在两端的距最后一个结16~17cm的地方打一个细小结。

7

留出1.5cm左右的绳端，剪去多余部分，用镊子将绳头弄散。使用熨斗或烧水壶的蒸汽来整理弄散的绳头。

作品 ❖ 42页

淡路结胸针

淡路结打法 ❖ 33、93页

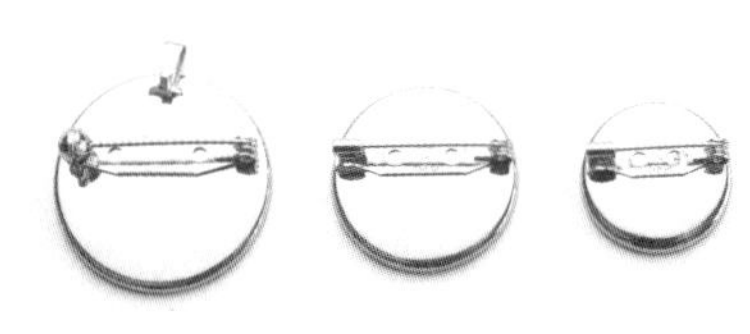

固定胸针用的金属零件的大小根据胸针的大小进行选择。较大的金属零件上会带有那种挂坠用的、固定链条用的钩子。

成品尺寸=直径约5cm
绳子=粗4mm、长150cm×1根
胸针用的金属零件1个（直径3cm）

1

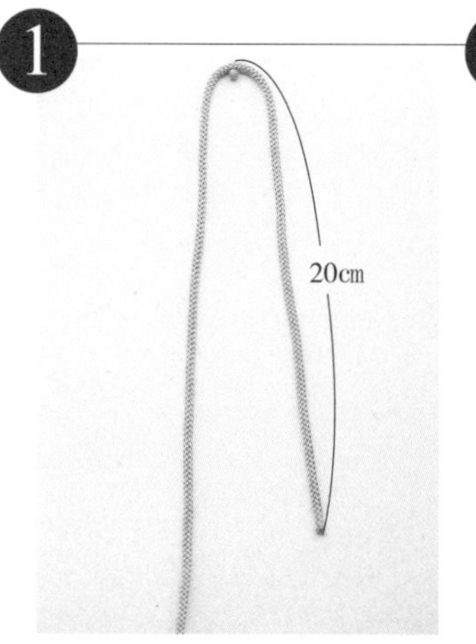

以距右端20cm处作为绳子的中心，插上大头针。

2

打好第一层淡路结之后，沿着它打出第二层和第三层淡路结。

3

三层的淡路结就打好了。

4

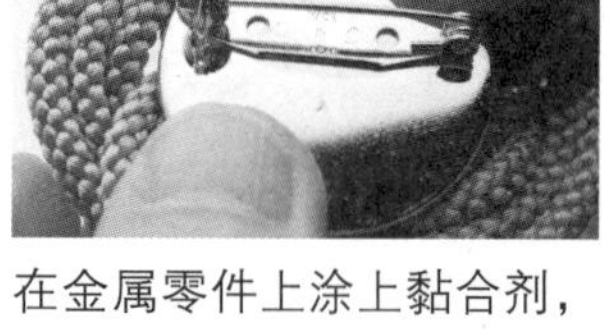

在金属零件上涂上黏合剂，将它紧紧粘在淡路结的背面，保持5分钟。

❖ 如果没有专用的金属零件，也可以用别针代替。

作品 ❖ 43页

菊结耳环

淡路结打法 ❖ 30、93页

成品尺寸=2cm×2 cm
绳子=粗2mm、长60cm×2根
耳环用的金属零件1个

耳环用的金属零件以金色和银色为主流，也有使用耳钉的。

1

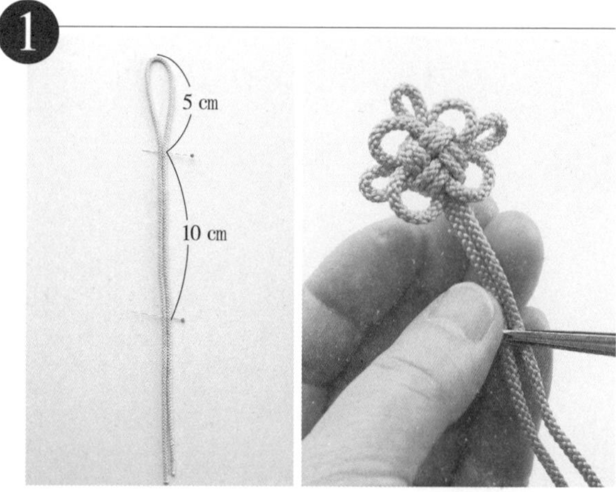

将绳子对折，在从中心向下5cm处及再往下10cm处分别插上大头针。将上下两根大头针贴到一起，打出菊结。

2

将它翻过来，留出可以用一根绳子来打花瓣的长度，剪去多余的绳子。

3

将结扣分开，留出一点空隙，并涂上黏合剂。

4

在剪去的花瓣的绳头处涂上黏合剂，塞到刚才的空隙处。

5

在耳环金属零件处涂上黏合剂，在菊结的背面也涂上，粘在一起保持5分钟左右。

作品 ❖ 43页

菊结发卡

菊结打法 ❖ 30、93页

成品尺寸=10cm
绳子=粗2mm、长230cm × 1根
发卡用的金属零件一个

1

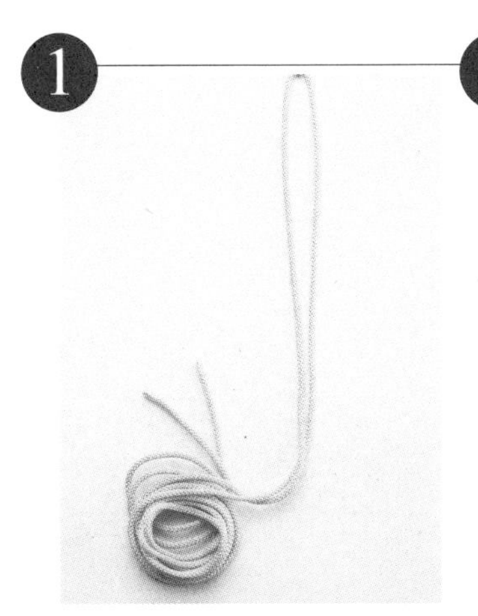

将绳子对折，在其中心处插入大头针。

2

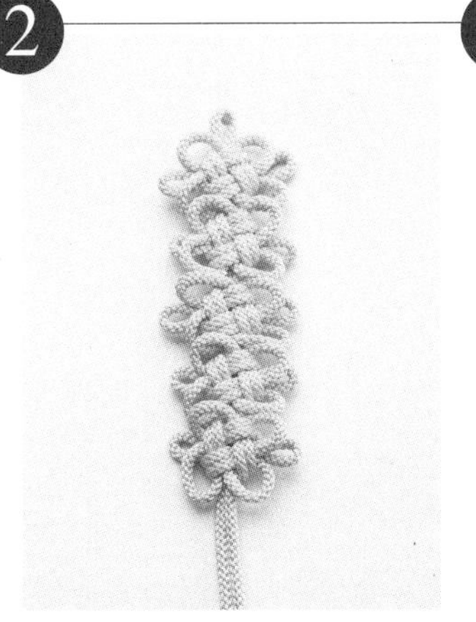

连续打5次菊结。做发夹时可微微将花瓣部分重合，这样做出来显得华丽。

3

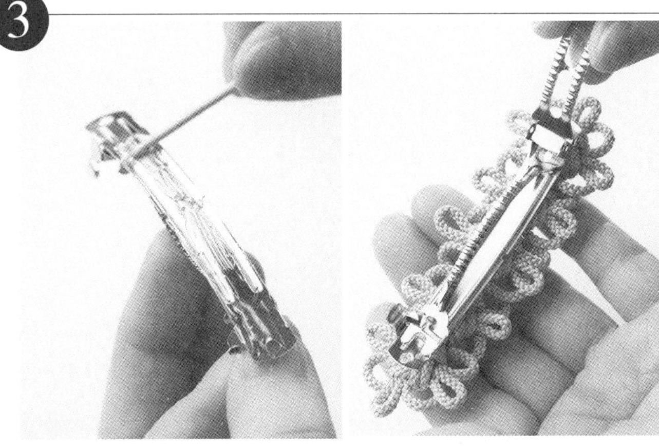

在发卡用的金属零件上涂上黏合剂，贴到菊结的背面，保持5分钟。

作品❖44页

几帐结餐巾环

几帐结打法❖28、92页

成品尺寸=几帐结宽3.5cm、全长约63cm
绳子=粗1.5mm、长100cm×2根

1

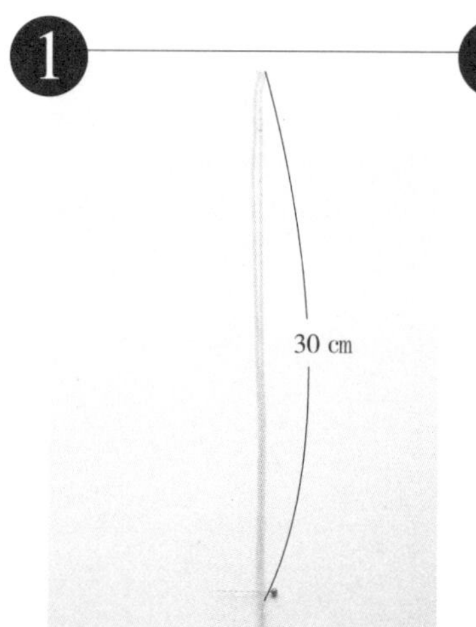

将2根绳子并排放好、在距绳端30cm的地方插入大头针。

2

在大头针下打出几帐结。

3

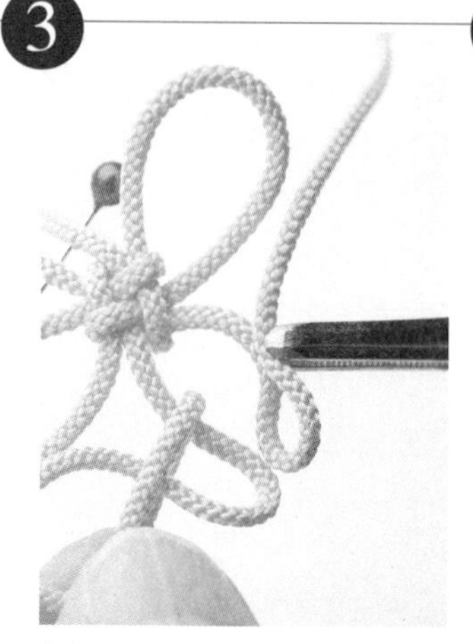

打好一个后在离它很近的地方再打出几帐结。用左边的绳子做绳环，将用右边的绳子做的绳环穿过左边的绳环。

4

用同样的方法打出3个几帐结，要点是使3个几帐结的花瓣大小保持一致。

作品❖45页

淡路连窗帘绑绳

淡路连打法❖36、94页

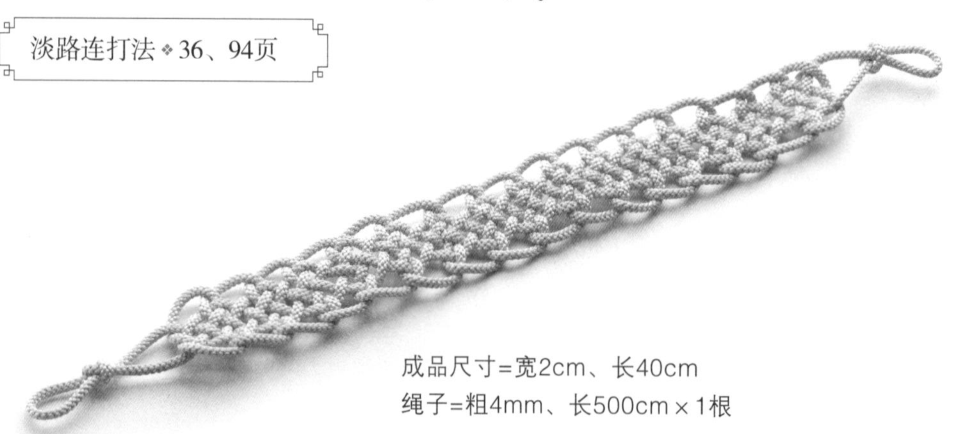

成品尺寸=宽2cm、长40cm
绳子=粗4mm、长500cm×1根

1

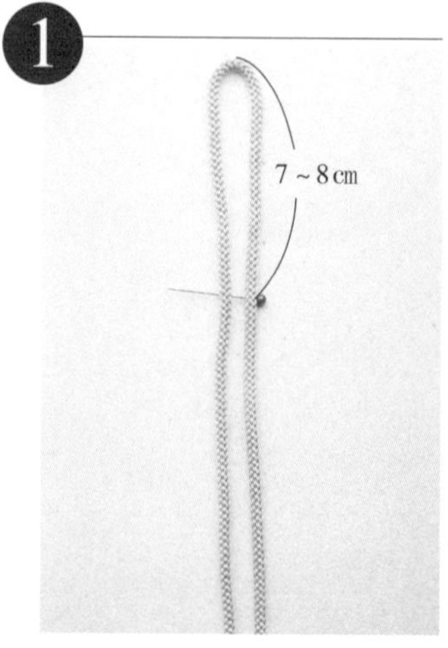

将绳子对折，在距中心7~8cm的地方插入大头针。

2

用左边的绳子做绳环、使右边的绳子从左边穿过绳环，淡路结就打好了。重复这个步骤。

3

连续打16个淡路结。上端是一开始留出的绳环。

4

打了16次之后，剪去一边的绳子。

5

保持左右绳环的长短一致，剪去多余的部分。

6

将在步骤4和步骤5中被剪断的绳子整理好，并用线缝住以保持固定状态。

7

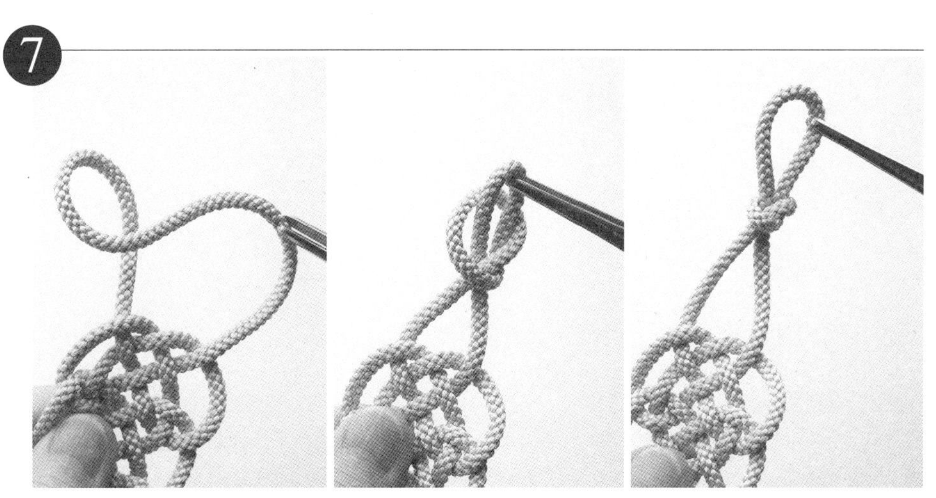

在两个绳环处各打一个结就完成了。

作品 ❖ 46页

淡路结做的绦带扣

淡路结的打法 ❖ 33、93页

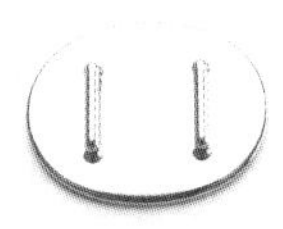

绦带扣用的金属零件的背面有2处可以穿绳的地方，将和服绦带穿过这个洞。

成品尺寸=直径约5cm
绳子=粗2mm、长160cm×1根
绦带扣用的金属零件1个

1

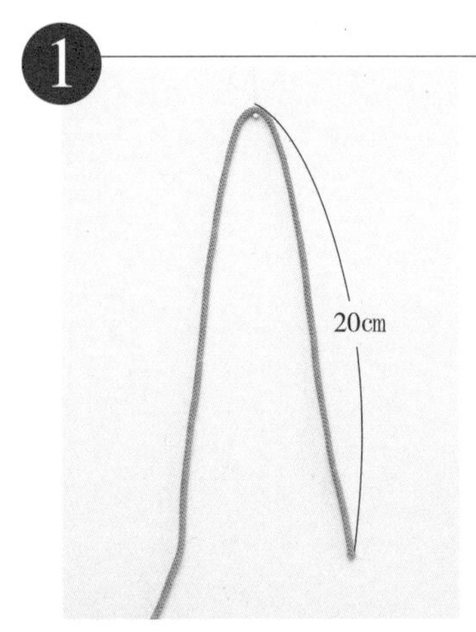

以距右边20cm处为中心，插入大头针。

2

用左边的绳子做绳环、将右边的绳子穿过左边的绳环、打出淡路结。由于整体上绳子比较松弛，按顺序调整绳子、一点一点拉紧并调整形状。

3

取出大头针、使第二层的绳子沿着第一层的绳子打结。

4

用同样的方法使第三层、第四层的绳子沿着之前的绳子打结。

5

在按顺序调整绳子的同时，收紧空隙。

6

在绦带扣的金属零件上涂上黏合剂，贴到淡路结的背面，保持5分钟。

作品 ❖ 47页

菊结做的和服装饰绳

菊结打法 ❖ 30、93页
细小结打法 ❖ 8、89页

成品尺寸=菊结大小约5cm×5 cm、绳子长度约30cm
绳子=粗2mm、长80cm×2根、长150cm×2根

1

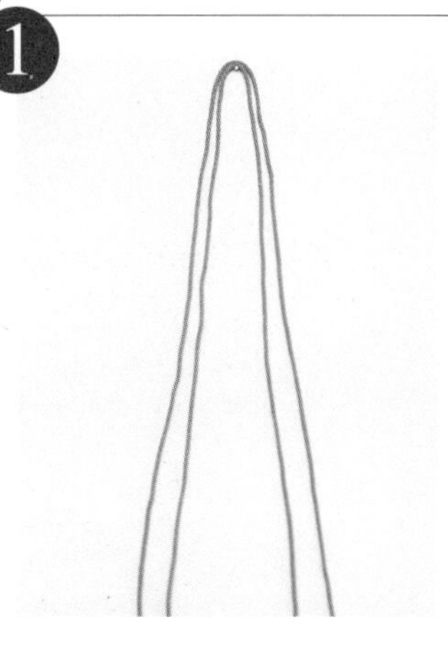

将较短的绳子放到内侧、较长的绳子放到外侧，将两根绳的中心重合并插入大头针。

2

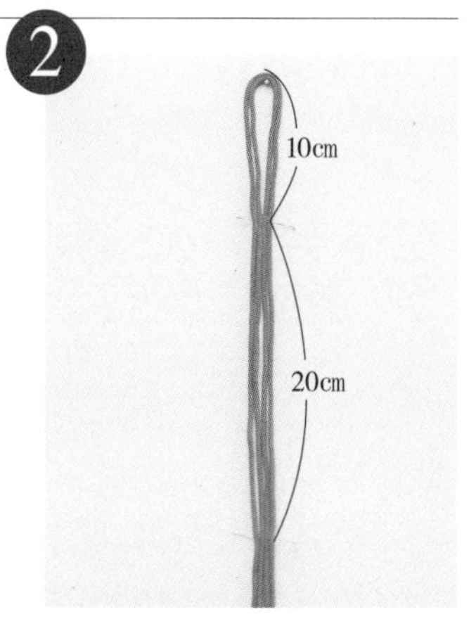

将4根绳子放整齐，在从上往下10cm及再往下20cm处分别插入大头针。

3

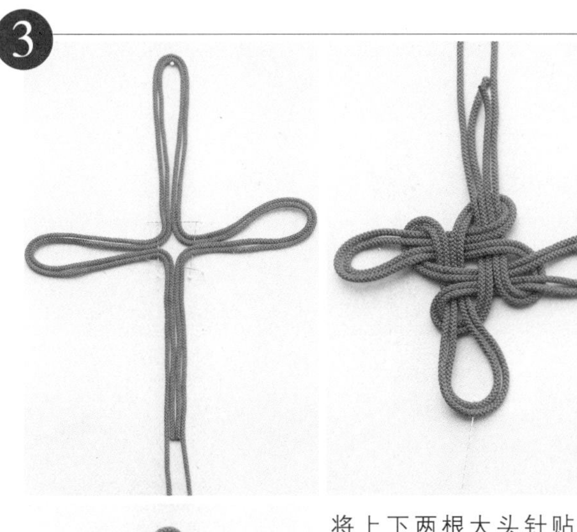

将上下两根大头针贴到一起，打出菊结。始终使两根绳保持一致。

4

翻过来，用较短的那一根绳做花瓣，剪去多余的绳子涂上黏合剂，塞到绳结内侧。

5

剪去另一根短绳。

6

用剩下的两根较长的绳在菊结的下方以及再往下26~27cm处打出细小结。用镊子将绳头弄散，并用烧水壶的蒸汽来塑形。

作品 ❖ 56页

玉结项链

玉结打法 ❖ 50、95页

成品尺寸=玉结长约40，全长约100cm
绳子=粗2mm、长450cm × 1根

1

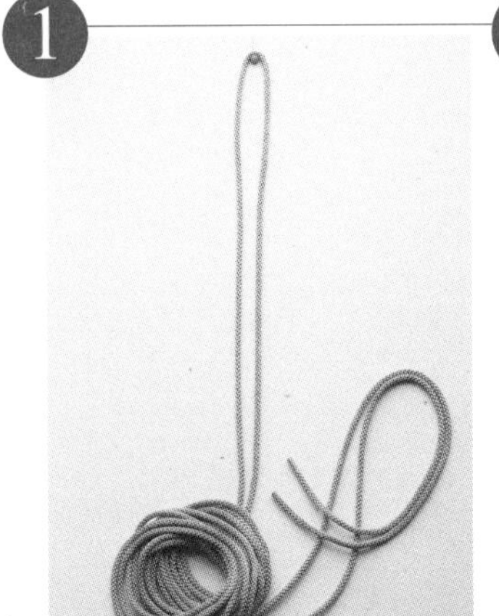

将绳子对折，在中心插入大头针。

2

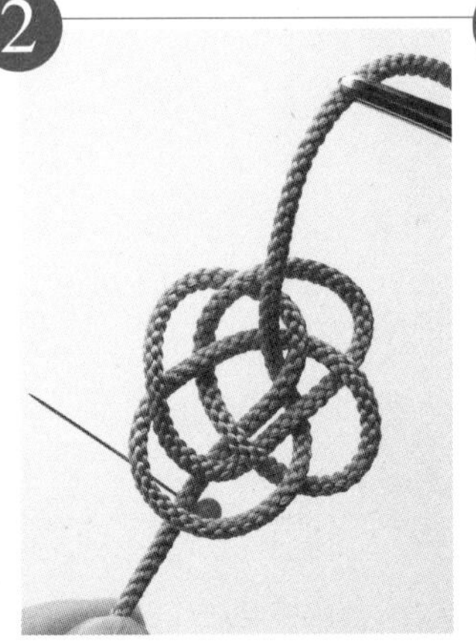

首先打出一个平的玉结。

3

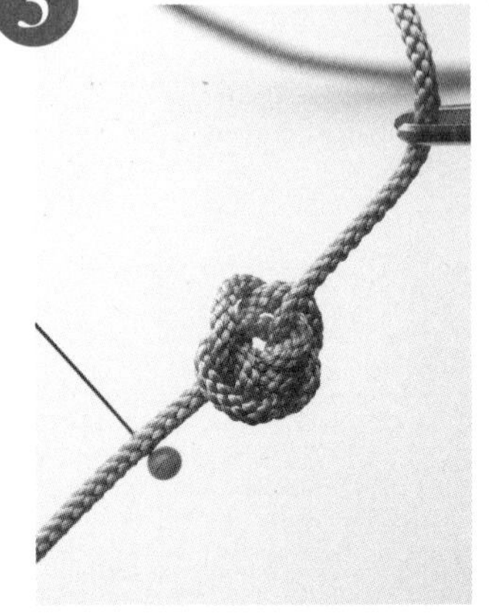

按照打的顺序收紧绳子，并使之变小。

4

再将绳子收紧，使之成为一个圆溜溜的小球，玉结就打好了。

5

连续打出玉结，从中心往右一共打18个结。玉结与玉结之间隔开3~4mm比较好打。

6

将左右反过来，在大头针另一侧也打出18个玉结。
※若想在项链上加串珠，则打31个玉结。间隔穿入30个珠子。

7

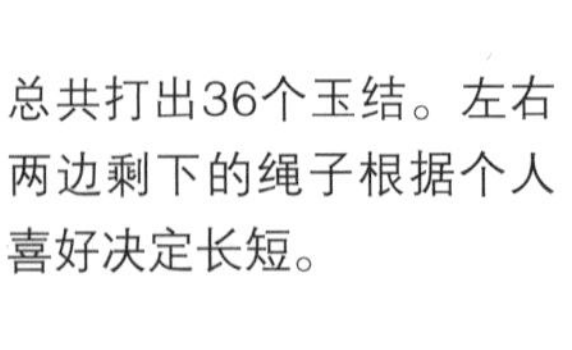

总共打出36个玉结。左右两边剩下的绳子根据个人喜好决定长短。

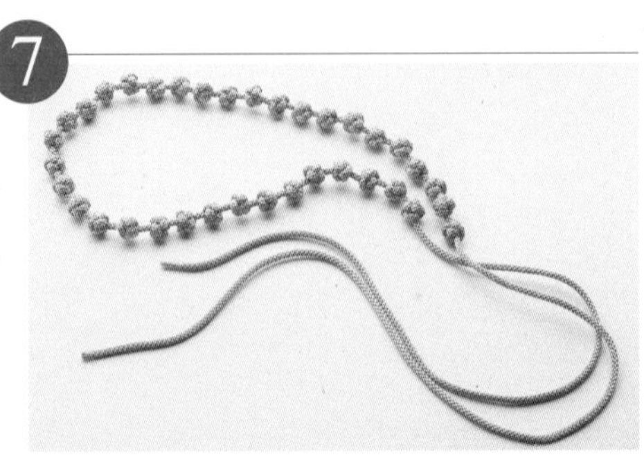

使用项链用金属零件时

与用绳子打结固定的式样相比，使用金属零件会显得较正式。 金属零件上的小洞的直径为3.2mm。

1

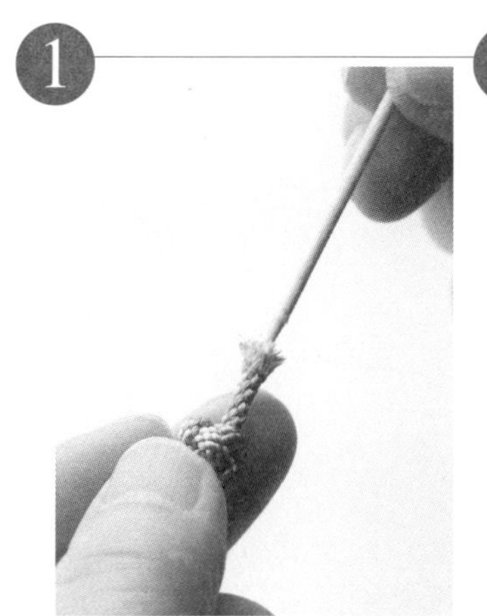

在距最后一个玉结1cm处剪去绳子，在绳子上涂上黏合剂。

2

用手指夹住，以便让黏合剂充分渗透。

3

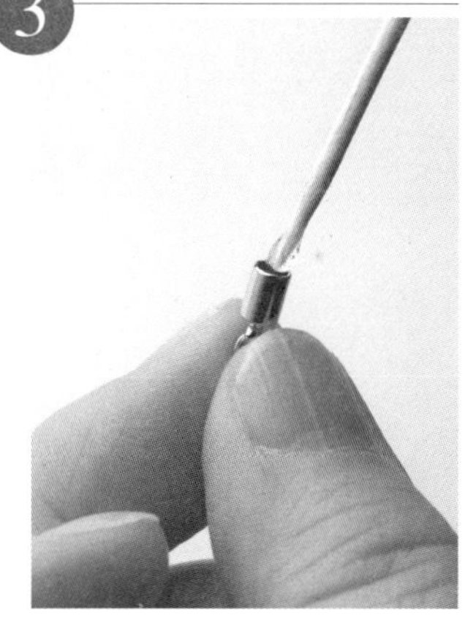

在金属零件的洞里涂上黏合剂。

这是用粗1mm的绳子，左右各使用6根、并使玉结的间隔错位而打出的纤细的设计。只要改变绳子的粗细，作品给人的感觉就会完全不同，据此可以做各种设计来展现新意。

4

将绳子插入金属零件中，保持5分钟。

作品 ❖ 59页

释迦结装饰绳

释迦结打法 ❖ 52、95页

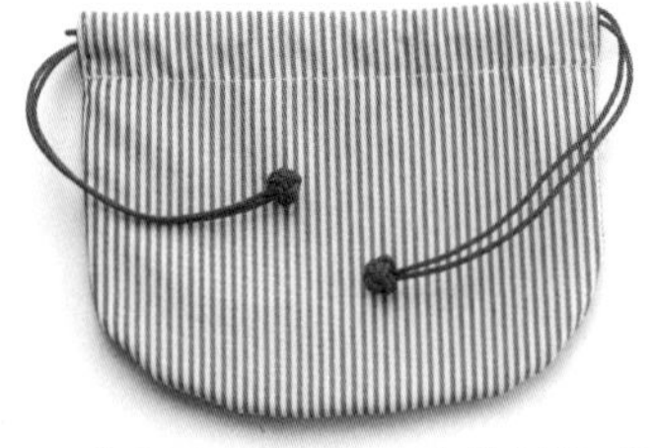

圆的释迦结配上圆底的首饰袋显得更加柔和。

成品尺寸=释迦结直径约1.5cm
绳子=粗1.5mm（用于约宽16cm的首饰袋时）
长120cm×2根

1

将绳子从两侧均匀地穿出袋子。每侧绳子的长度保持在30~40cm。

2

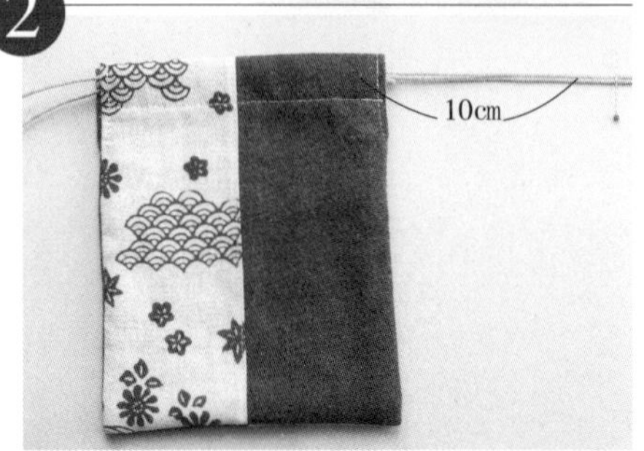

在距袋口10cm处插入大头针，打出释迦结。

3

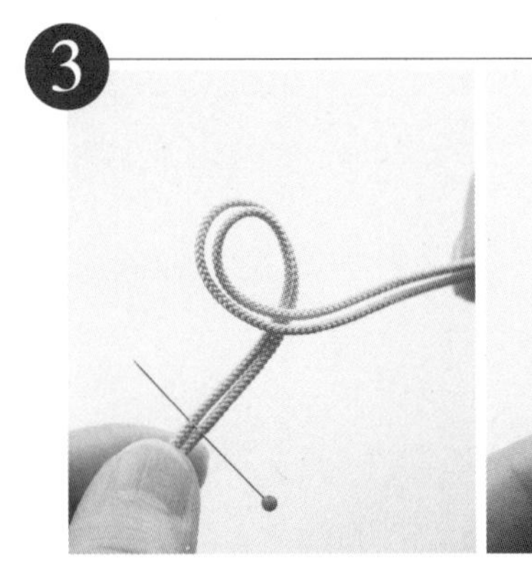

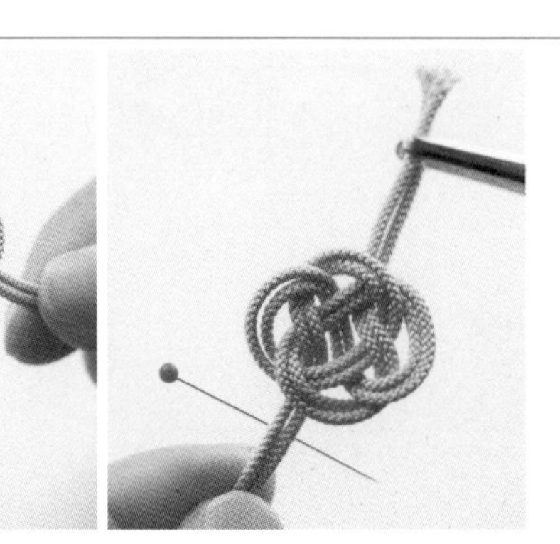

取2股绳子来打释迦结。

4

收紧绳子、作出球形 。

5

在多出来的绳子之间涂上黏合剂、剪掉绳端。

荷包的做法

表布18cm×16.5cm×2块
里布18cm×13.5cm×2块
❖ 绳子的制作方法参见84页
❖ 图中标注的长度单位是cm

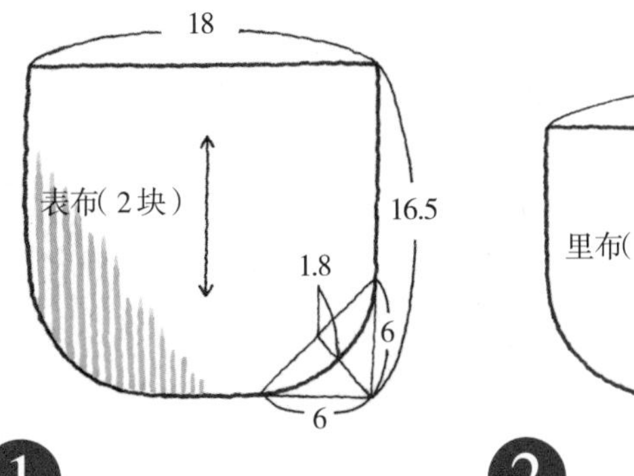

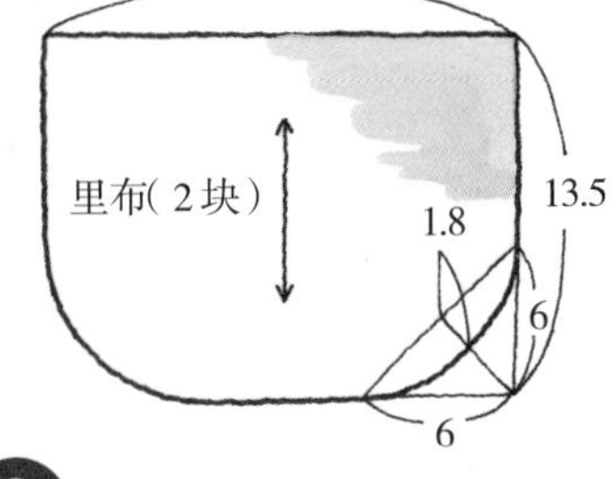

1 将2块表布重叠裁剪。

2 将2块里布重叠裁剪。

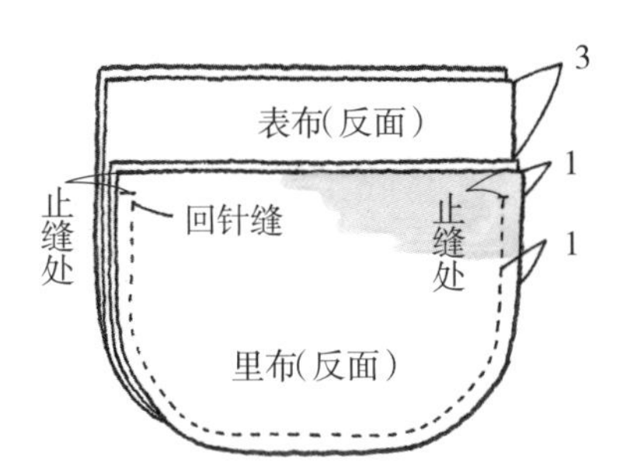

3 将2块表布（反面朝外）与2块里布（反面朝外）重叠，用回针缝缝好。

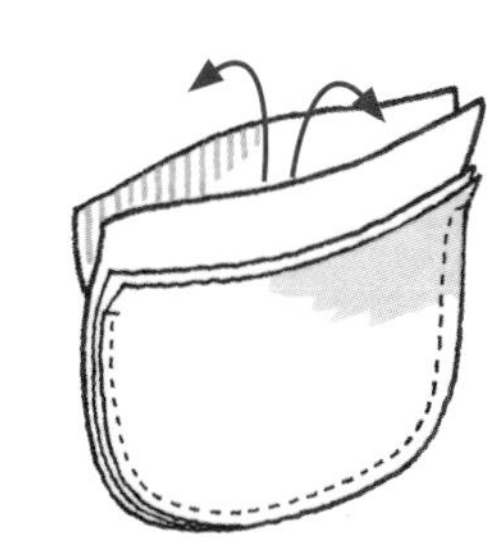

4 翻回正面。

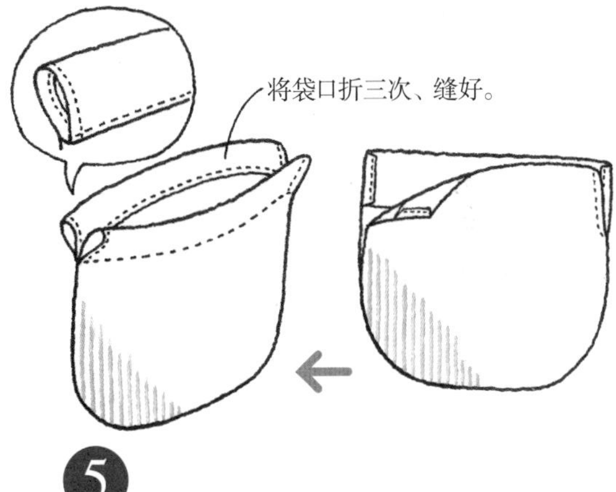

5 如图所示处理袋口。

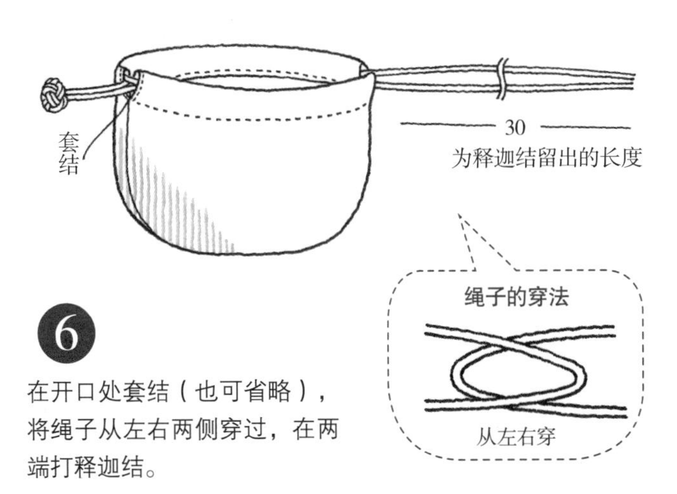

6 在开口处套结（也可省略），将绳子从左右两侧穿过，在两端打释迦结。

套结

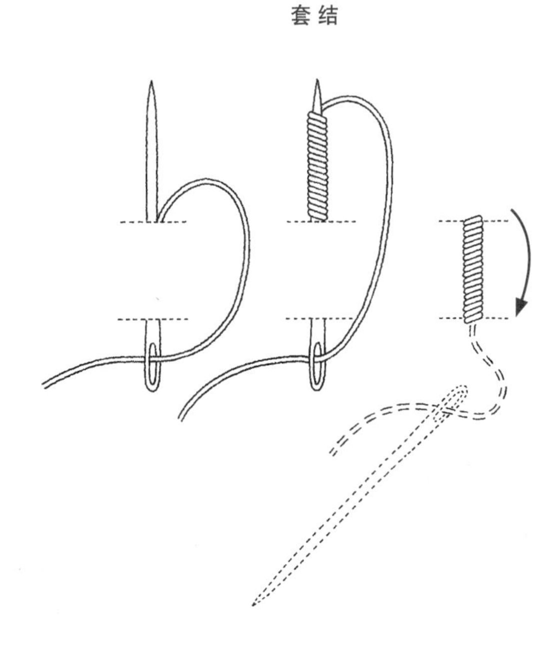

作品 ❖ 62页

樱花结画框装饰

樱花结打法 ❖ 88页

成品尺寸=竖约9cm×横约10cm
绳子（绢）=粗3mm、长100cm×1根
彩色纸=12cm×13.5cm1张

1

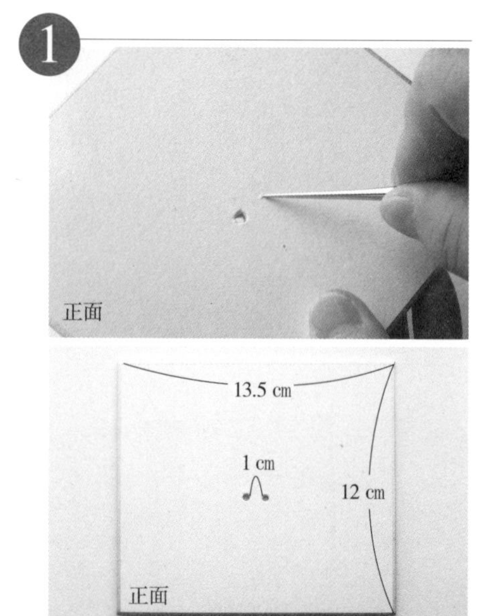

使用锥子等在彩色纸的中央开2个孔。

2

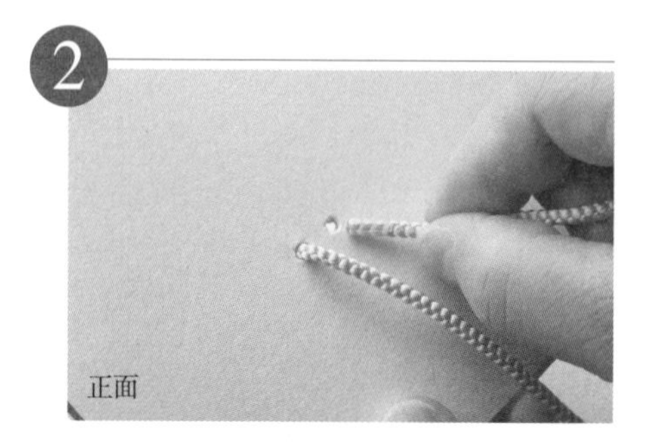

将绳子从正面穿过两个孔。

3

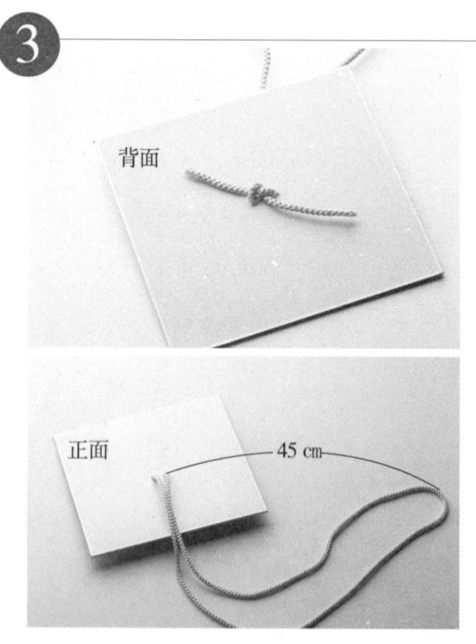

在正面留出45cm左右的绳环、在背面打一个结。

4

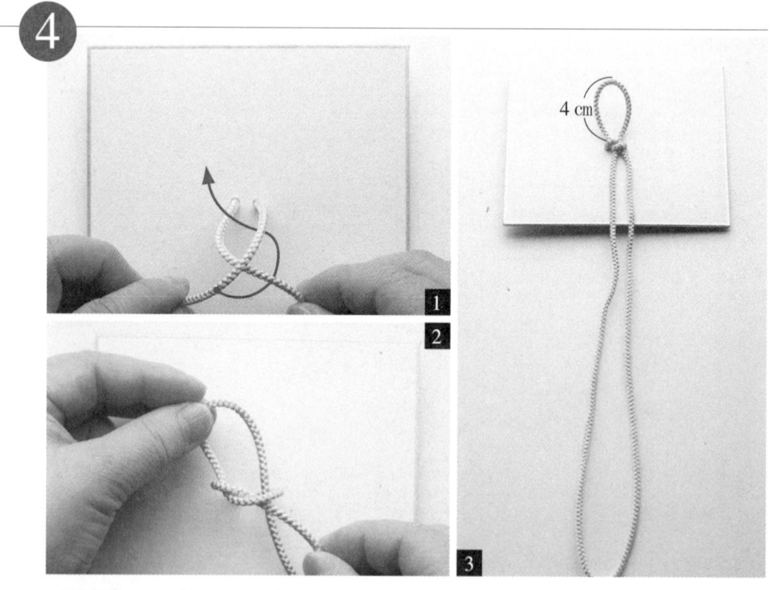

2根绳交叉，使下面的绳环穿过上面的绳环。

5

将下面的绳子对折，穿过上面的绳环、拉★的绳子。

6

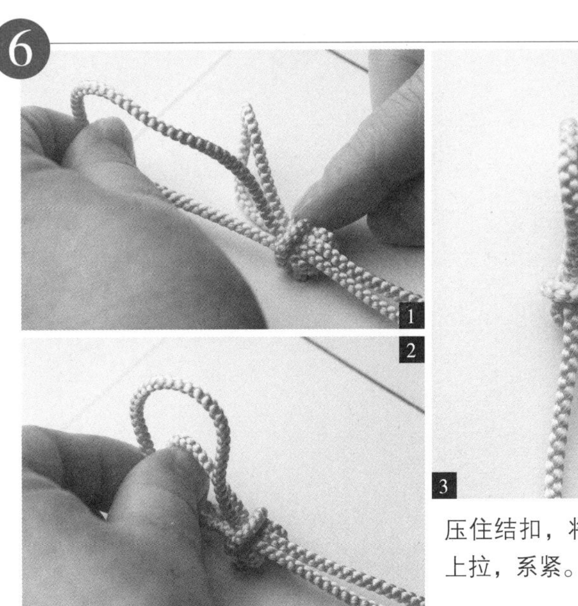

压住结扣，将左右两根绳往上拉，系紧。

7

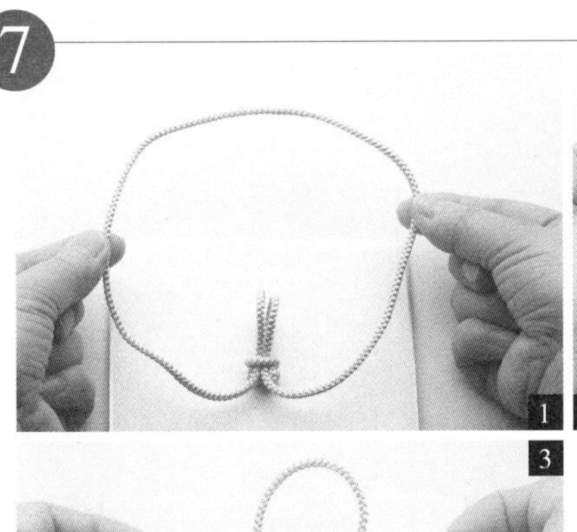

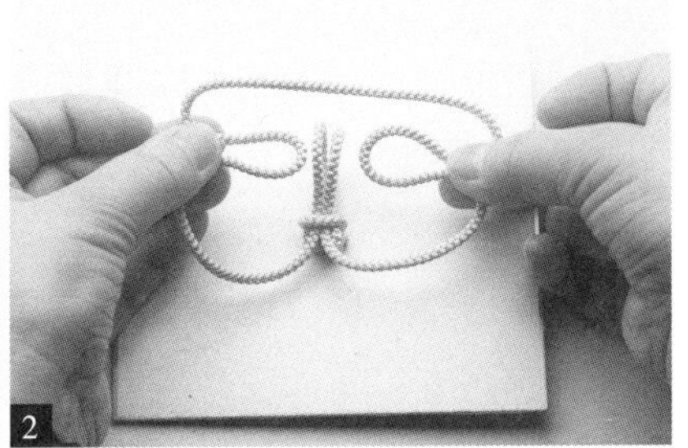

拿起下面的绳环在左右两边做绳环，平行地穿过2层绳环。

8

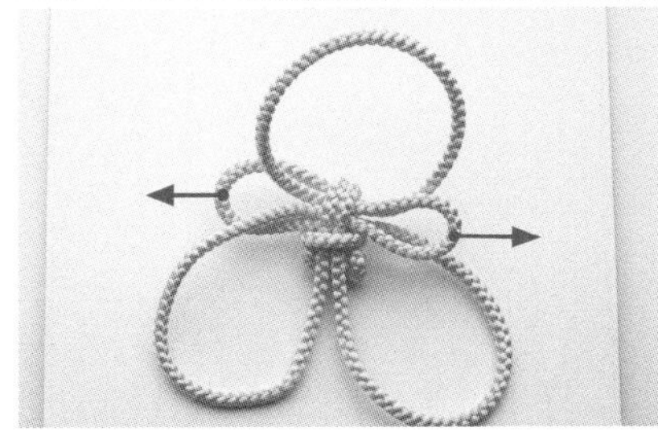

按住结扣，将7的A和B垂直往下拉并系紧。

9

这样梅花结就做好了。

10

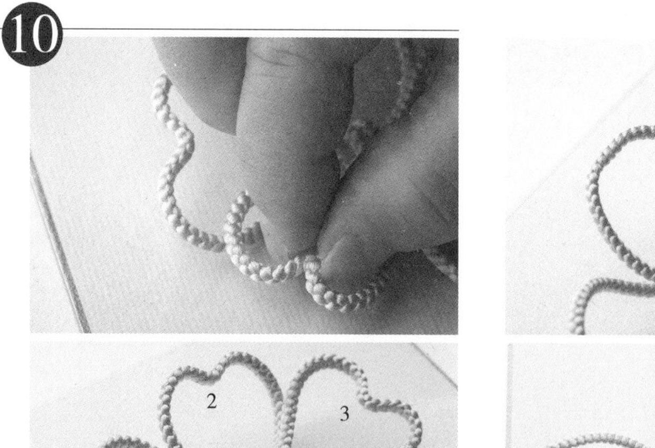

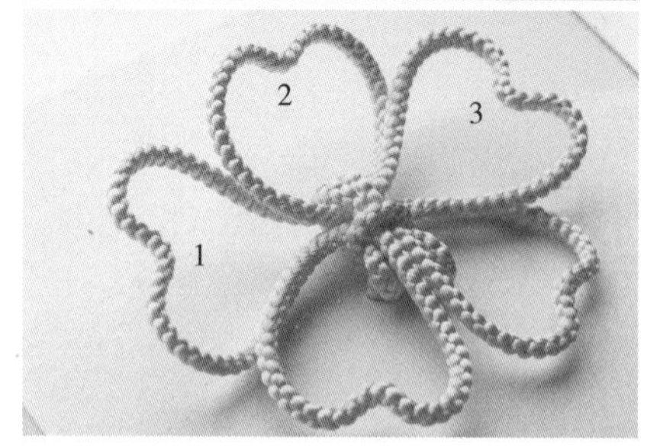

用手指将5个绳环往里面捏就成了樱花结。放入画框装饰时，使1、2、3号花瓣离开彩色纸立起来。其他的花也是一样的。用手指将五个绳环的中心捏尖就成了桔梗结。

樱花结

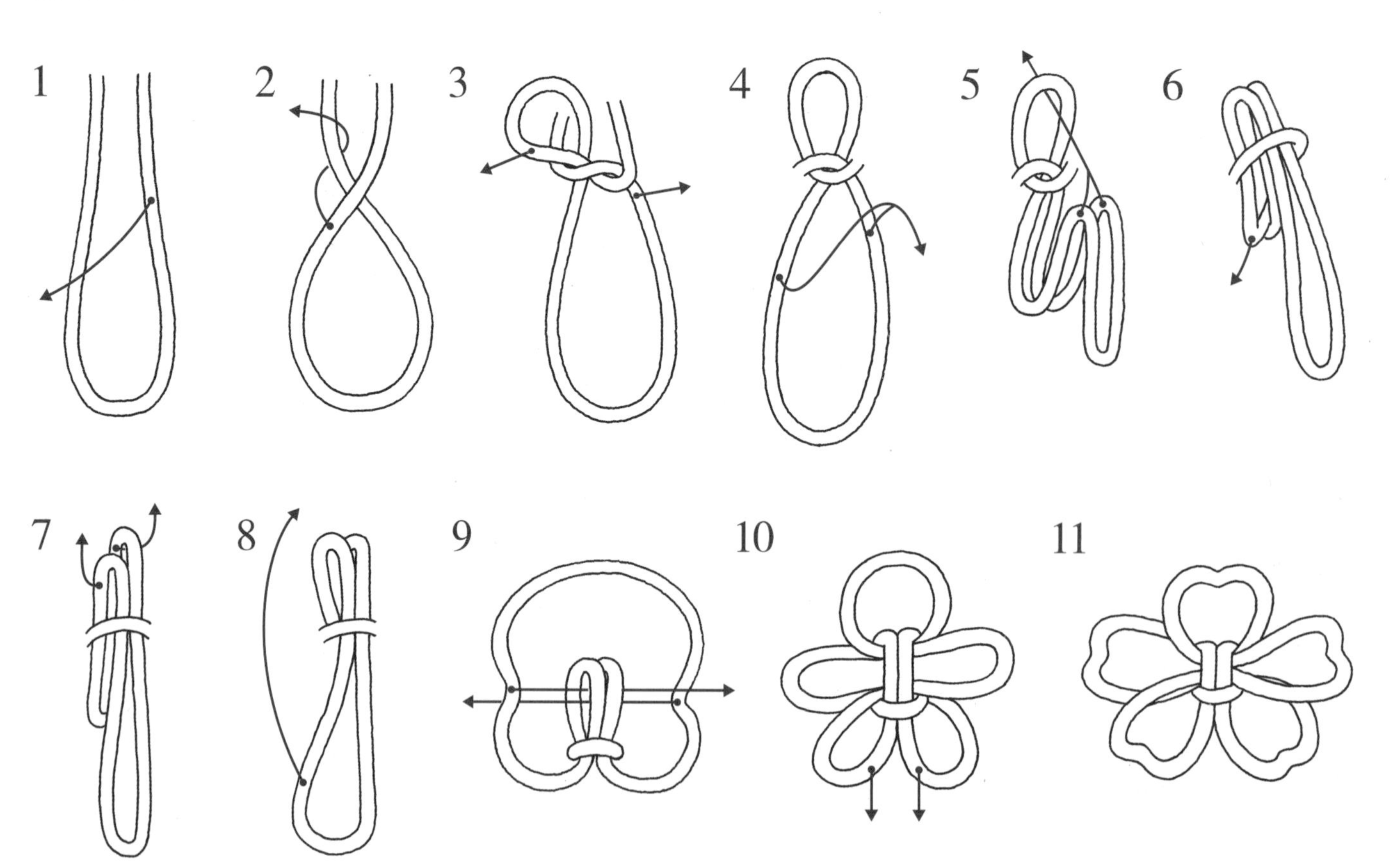

本书介绍的基本绳结12

左右结

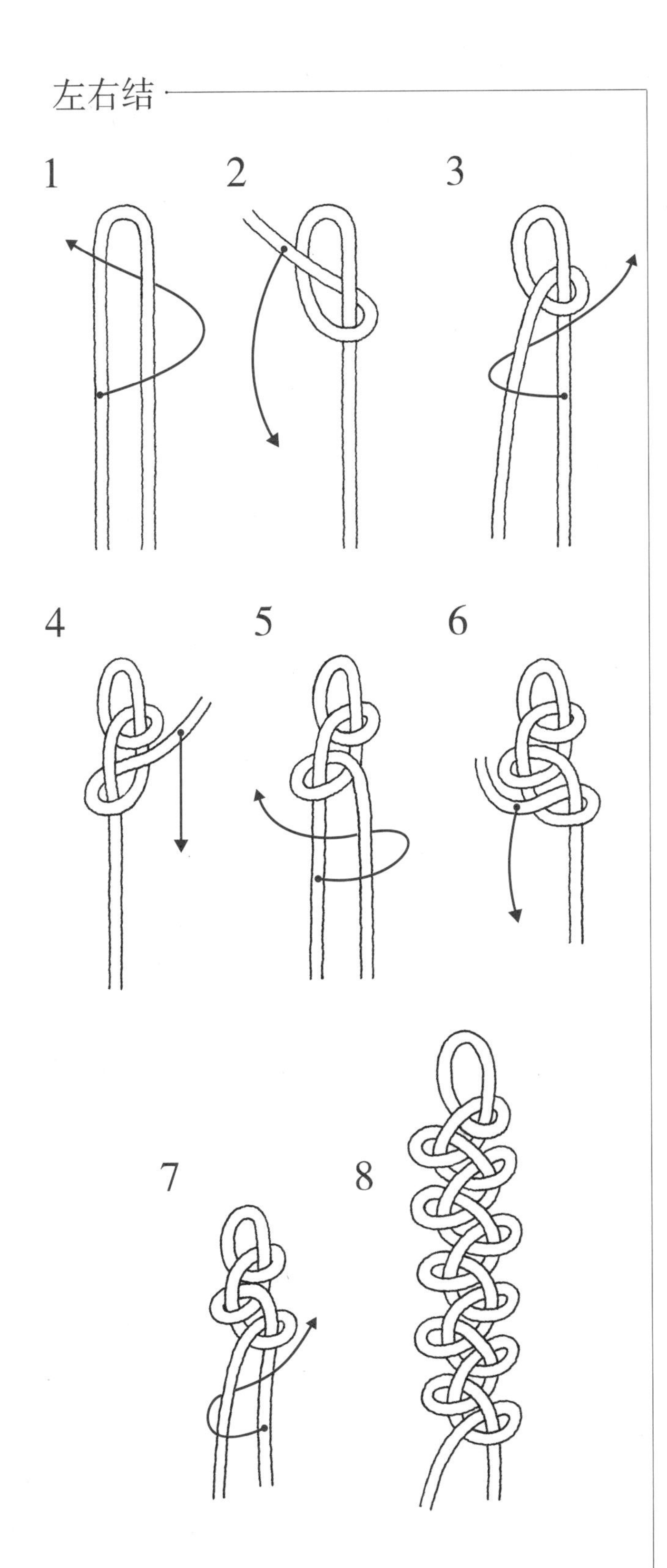

细小结

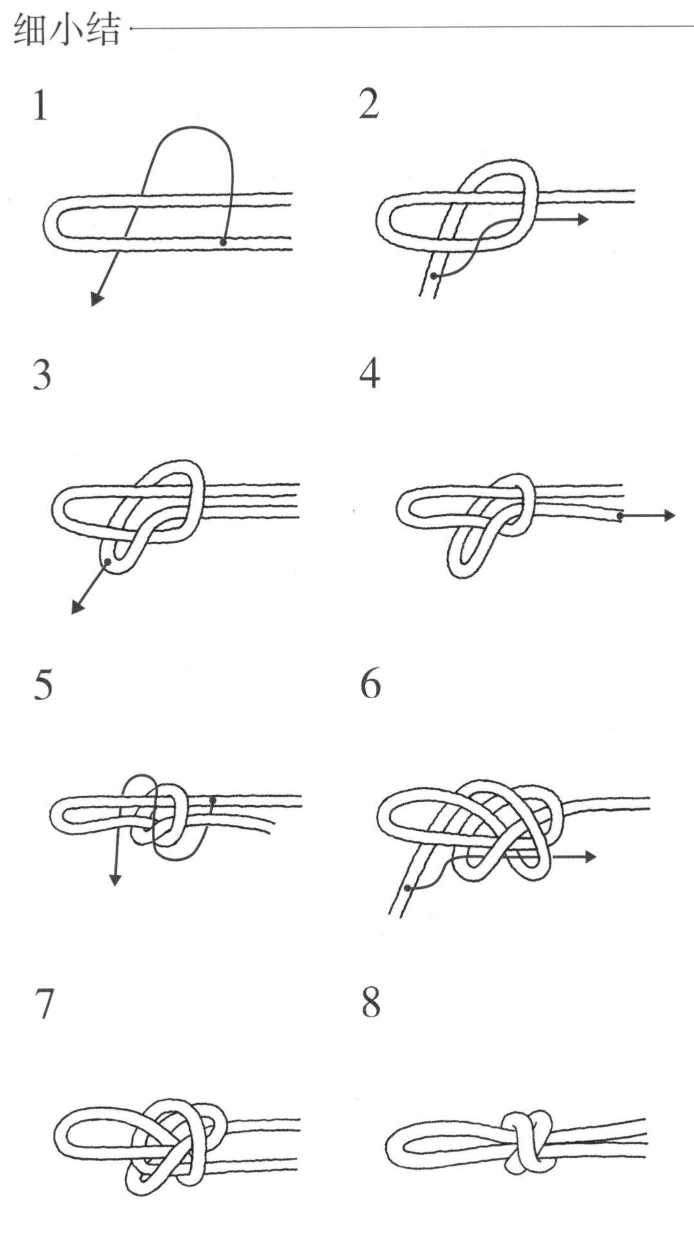

角结

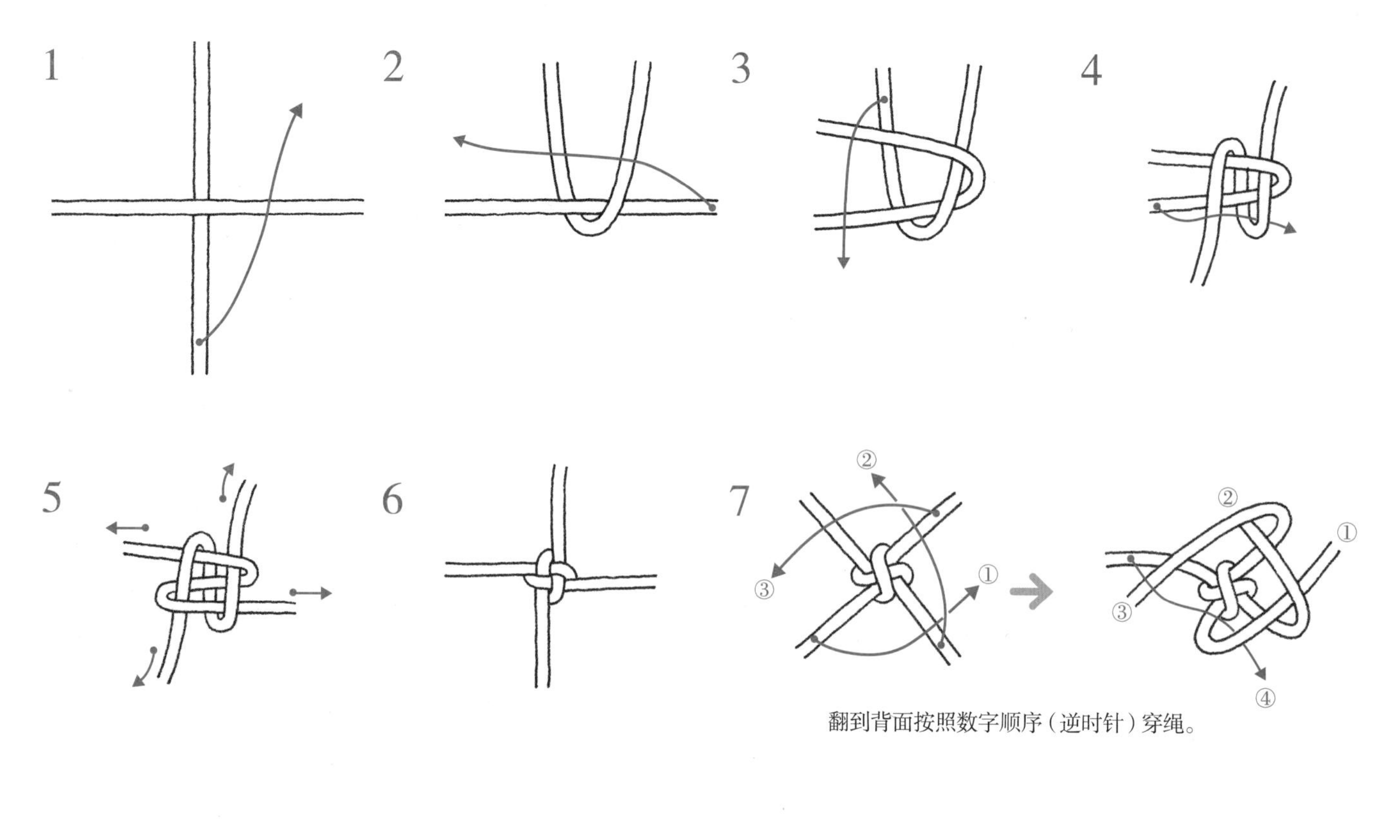

翻到背面按照数字顺序（逆时针）穿绳。

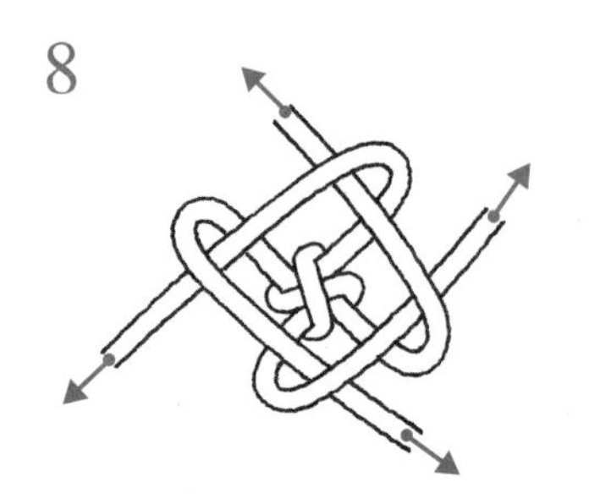

按数字顺序(顺时针)穿绳，系紧。
如结圆形角结重复步骤7~8

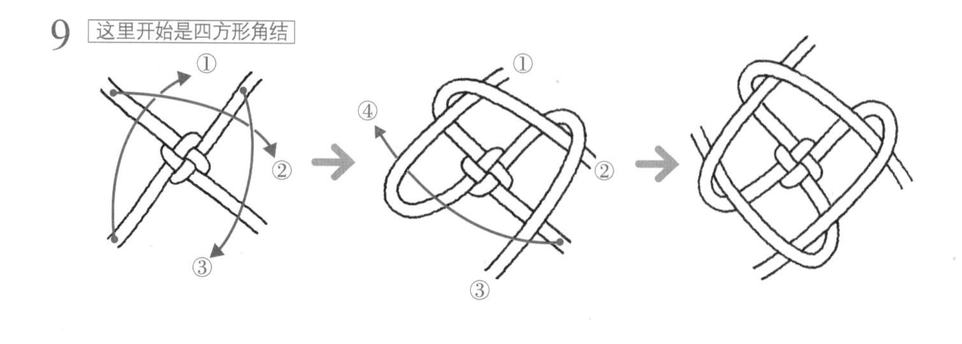

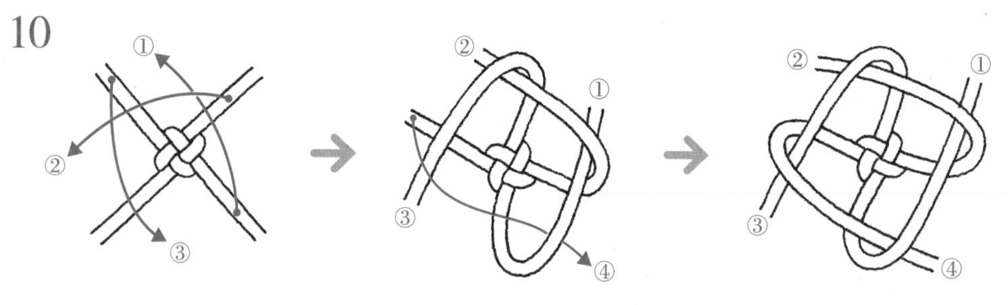

按数字顺序（逆时针）系紧。 四方形角结采取顺时针逆时针交替重复打结。

蜈蚣结

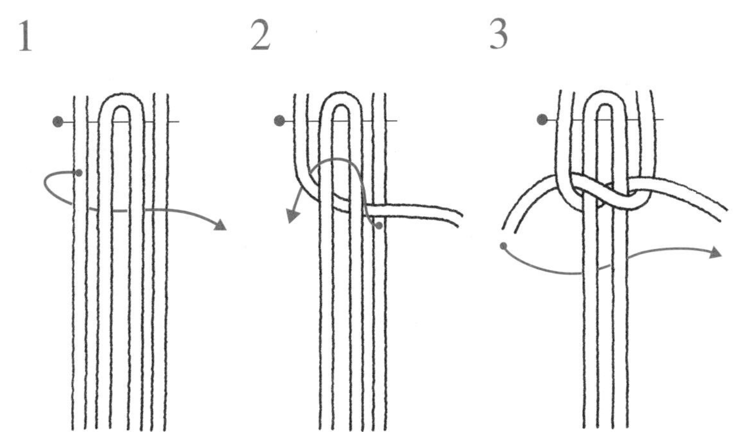

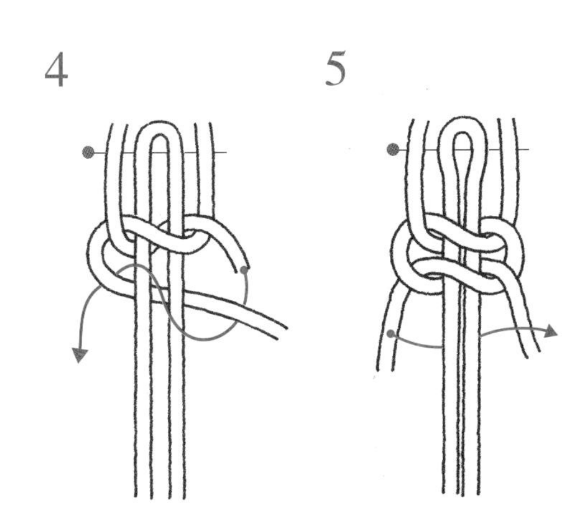

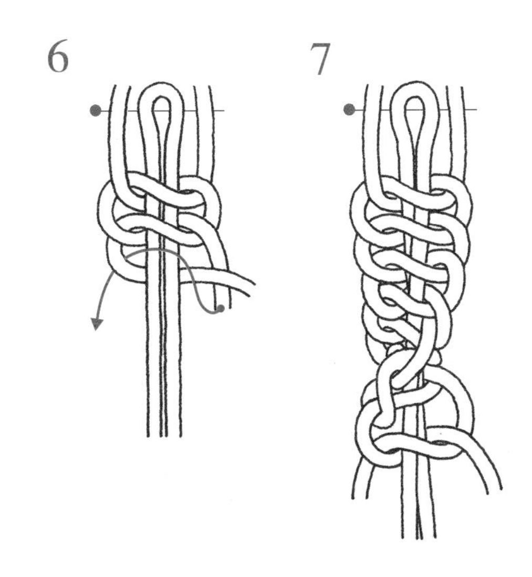

四色编

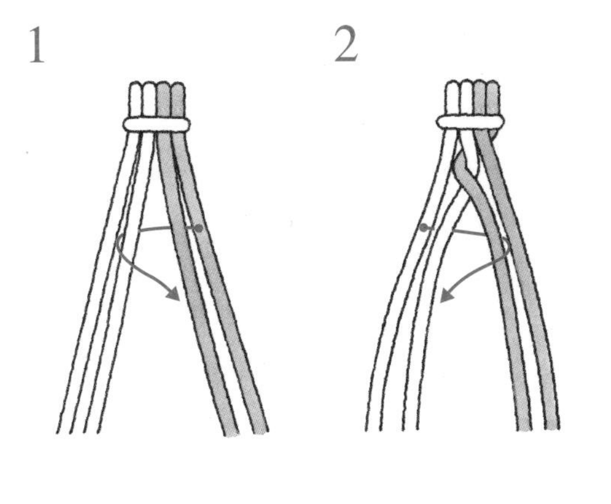

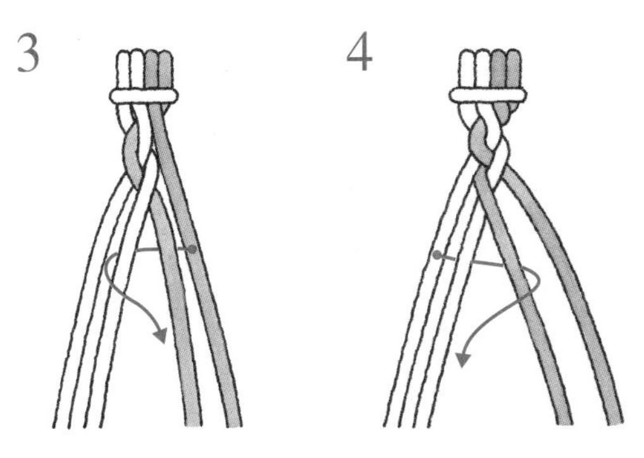

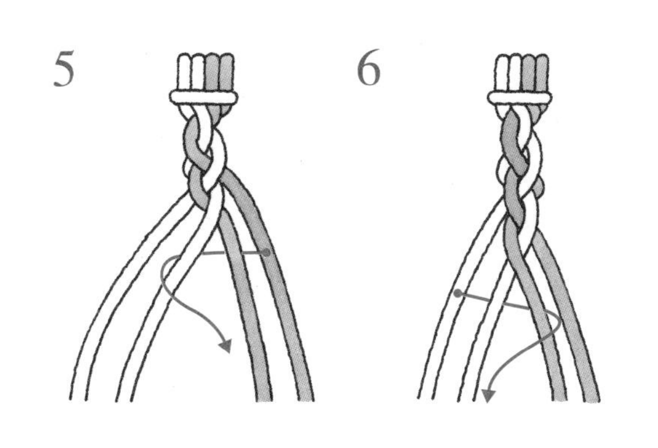

总角结

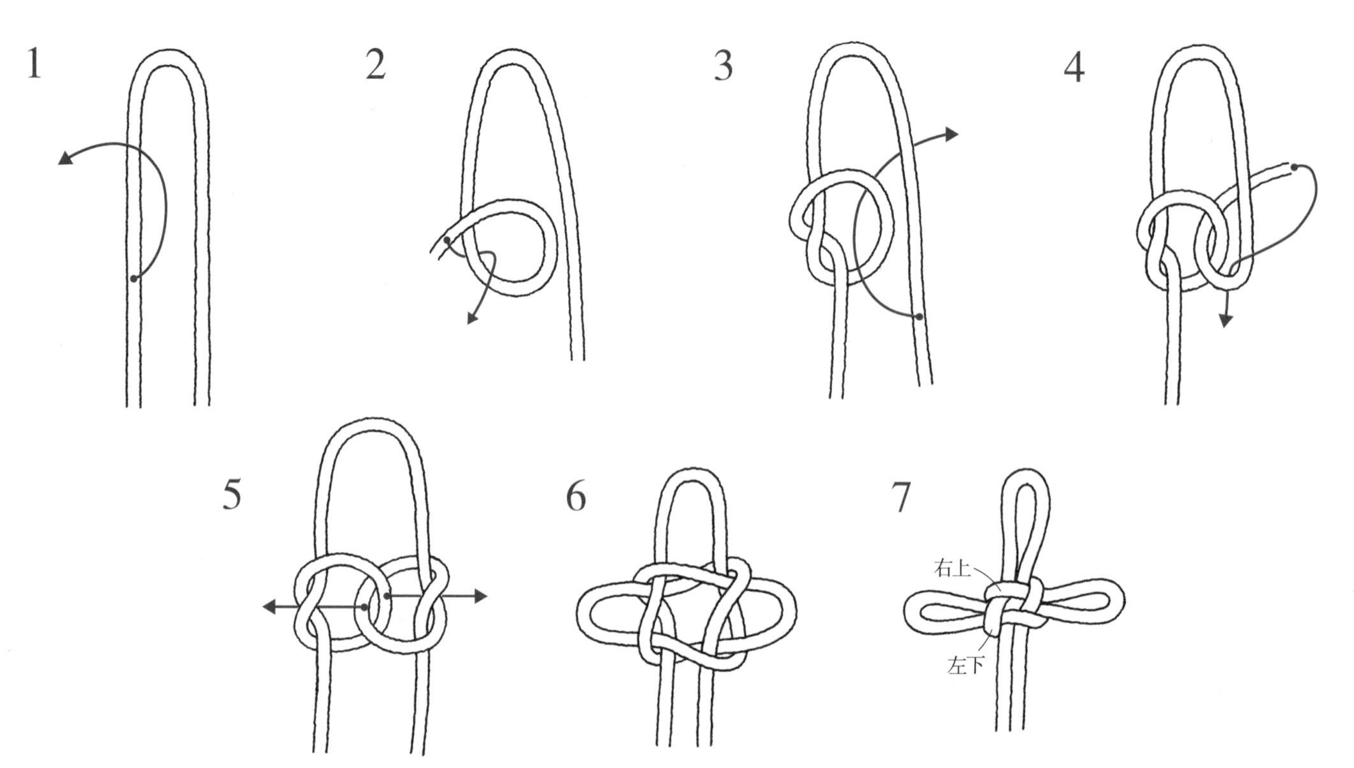

几帐结

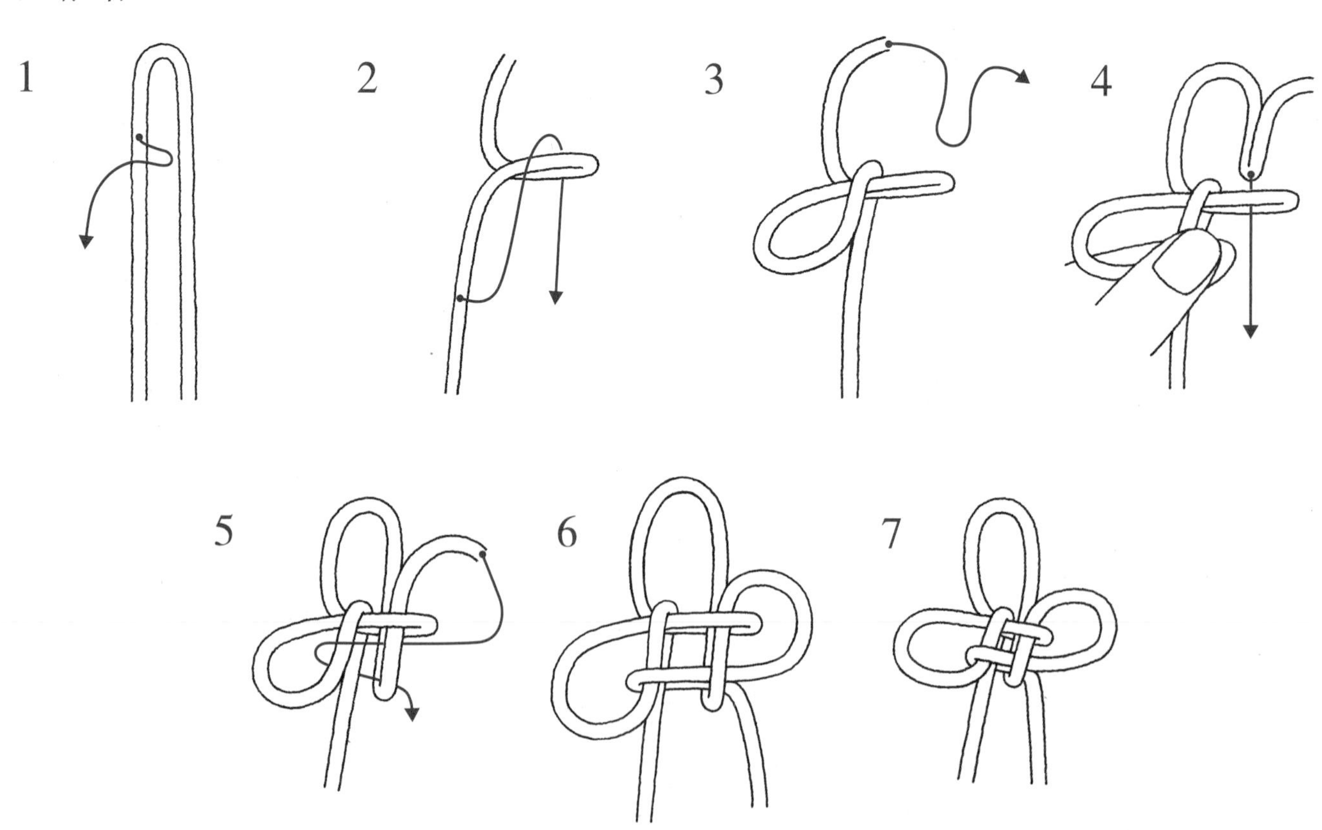

菊结

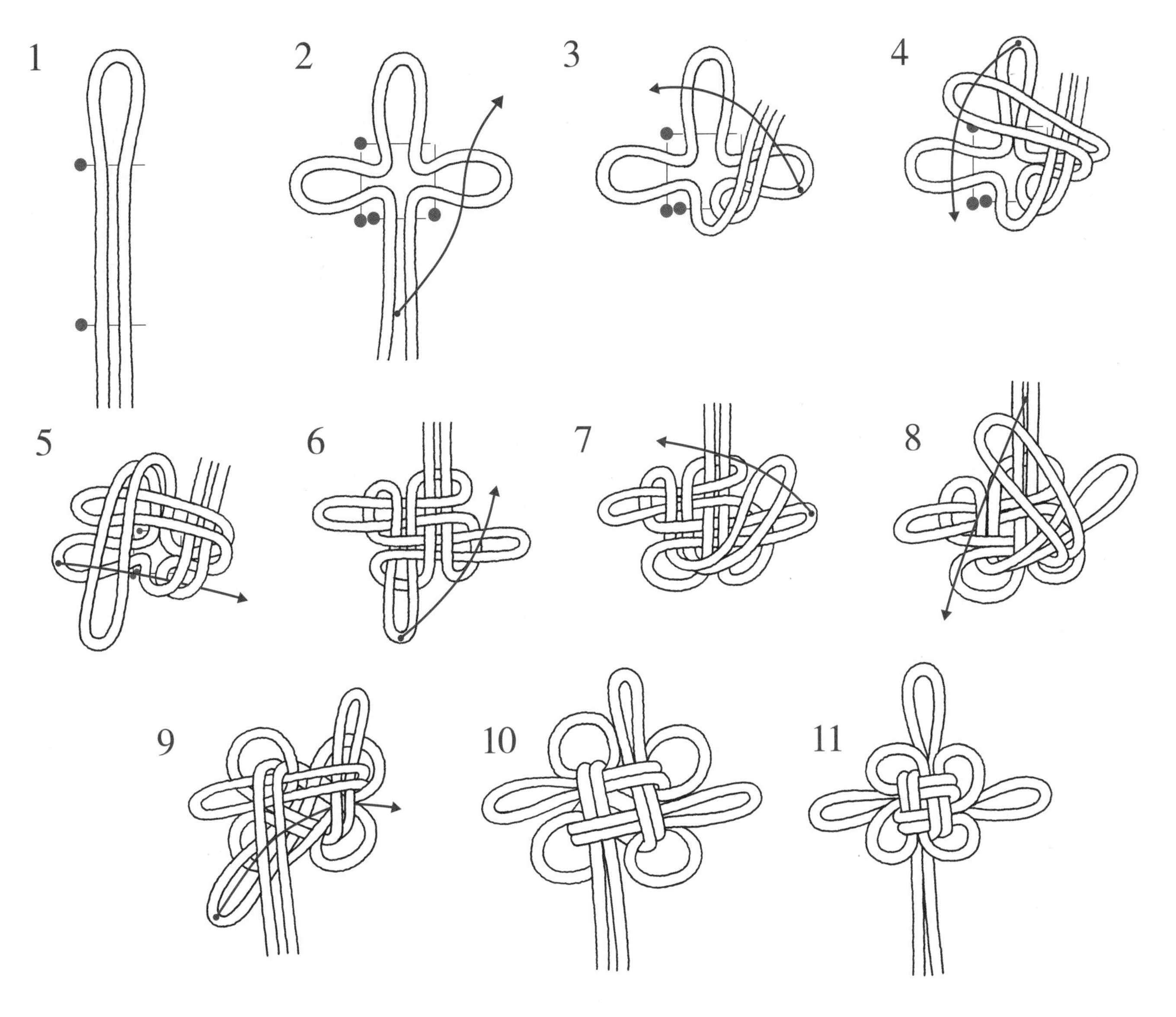

淡路结

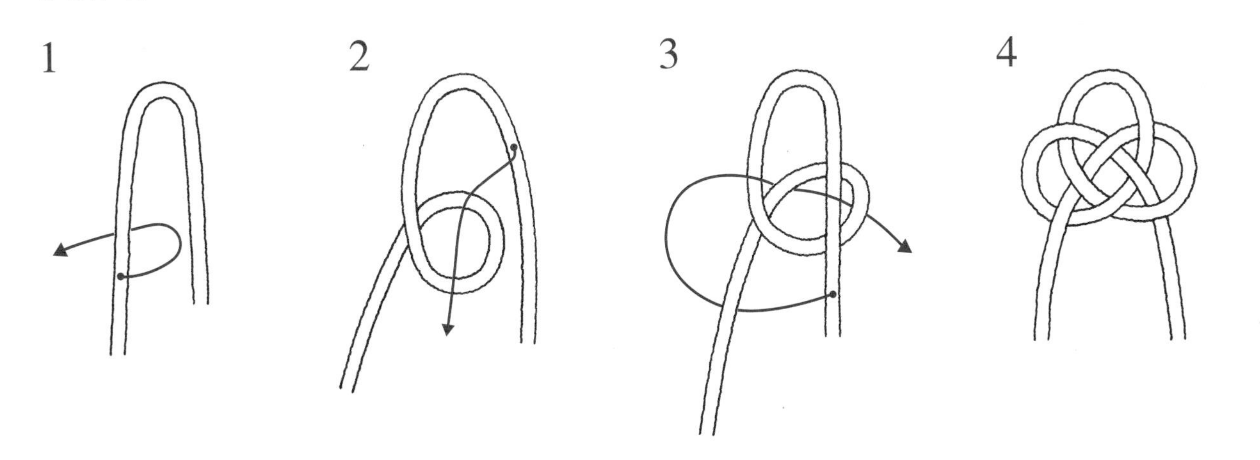

淡路连

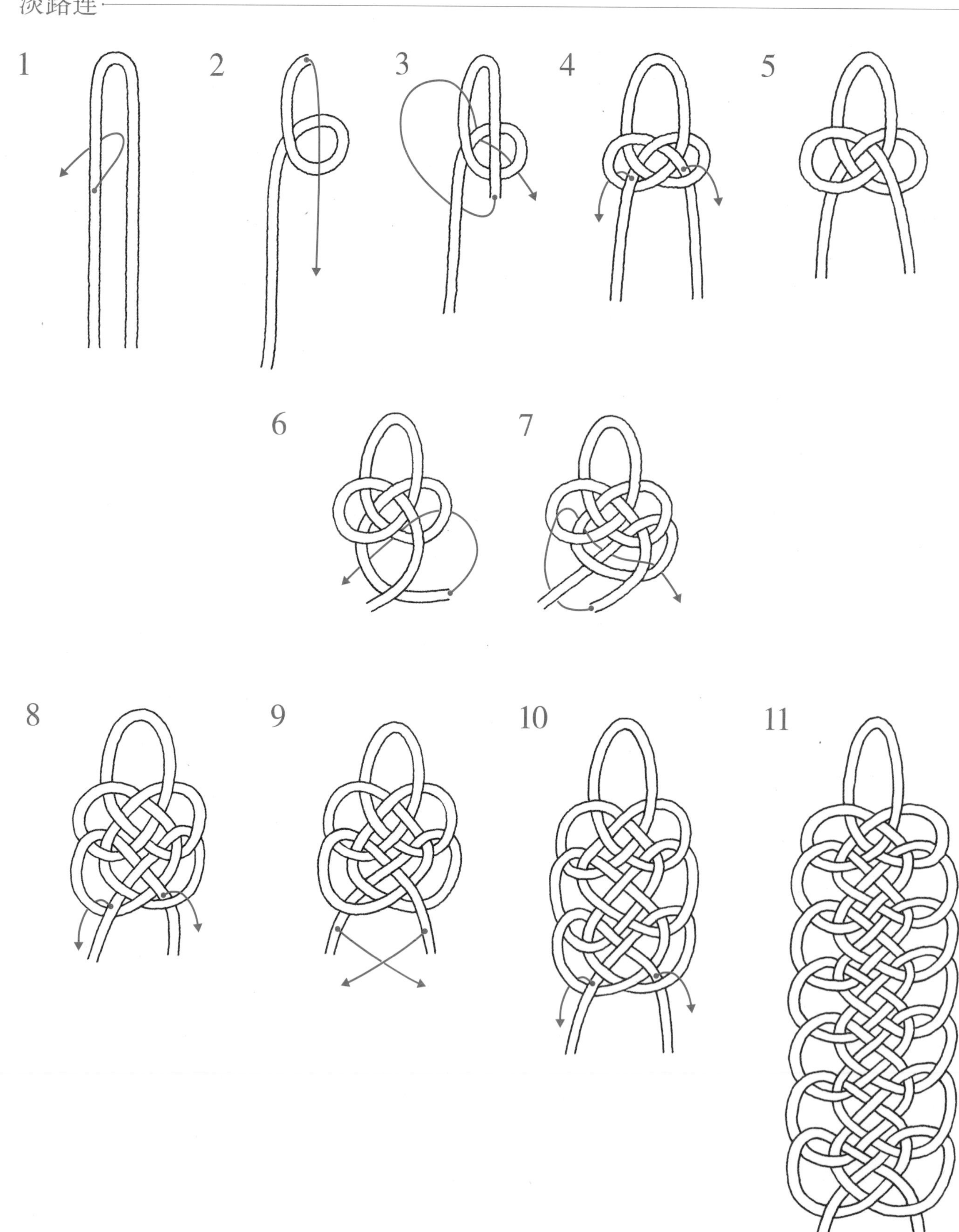

玉结

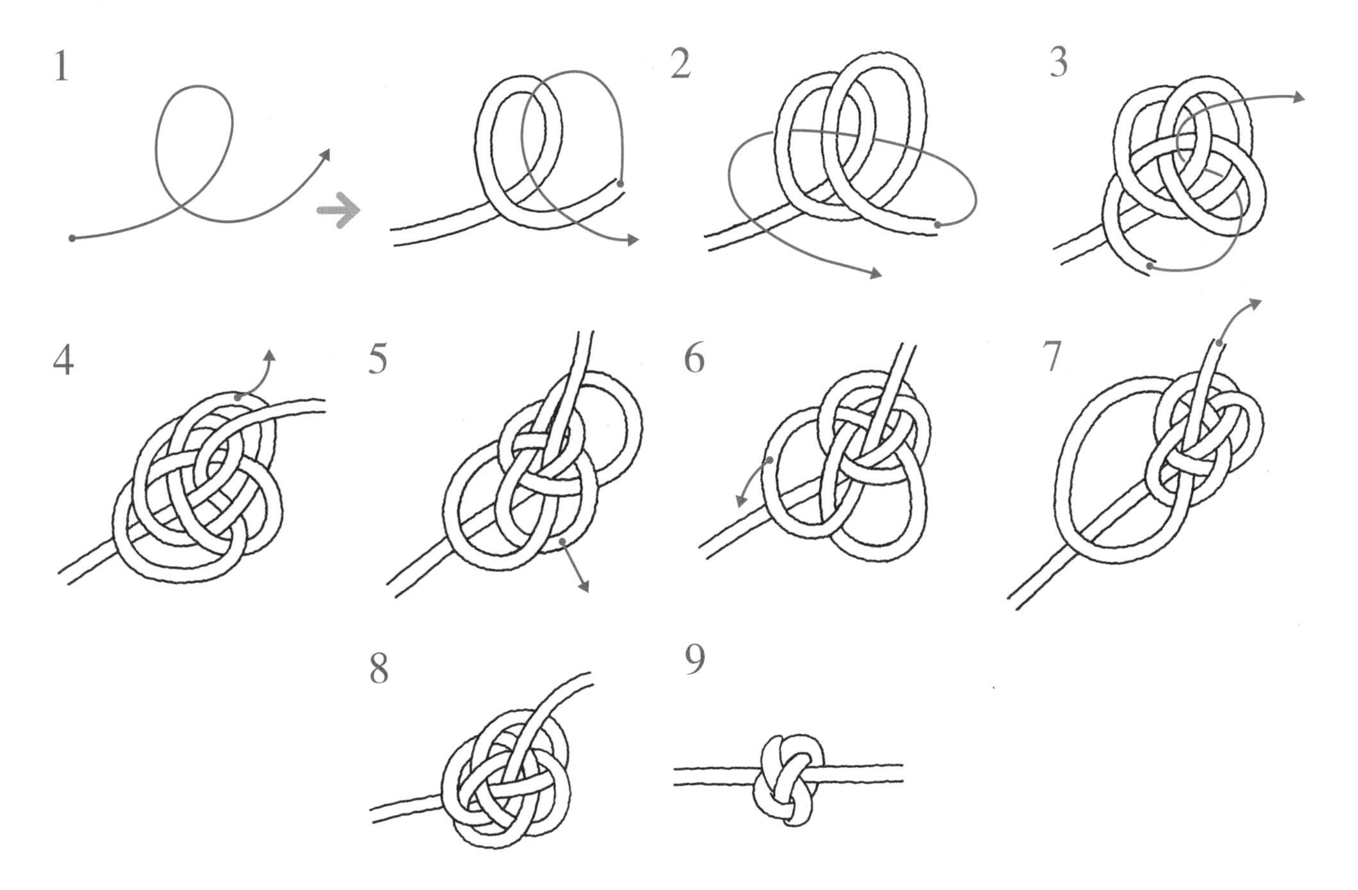

释迦结

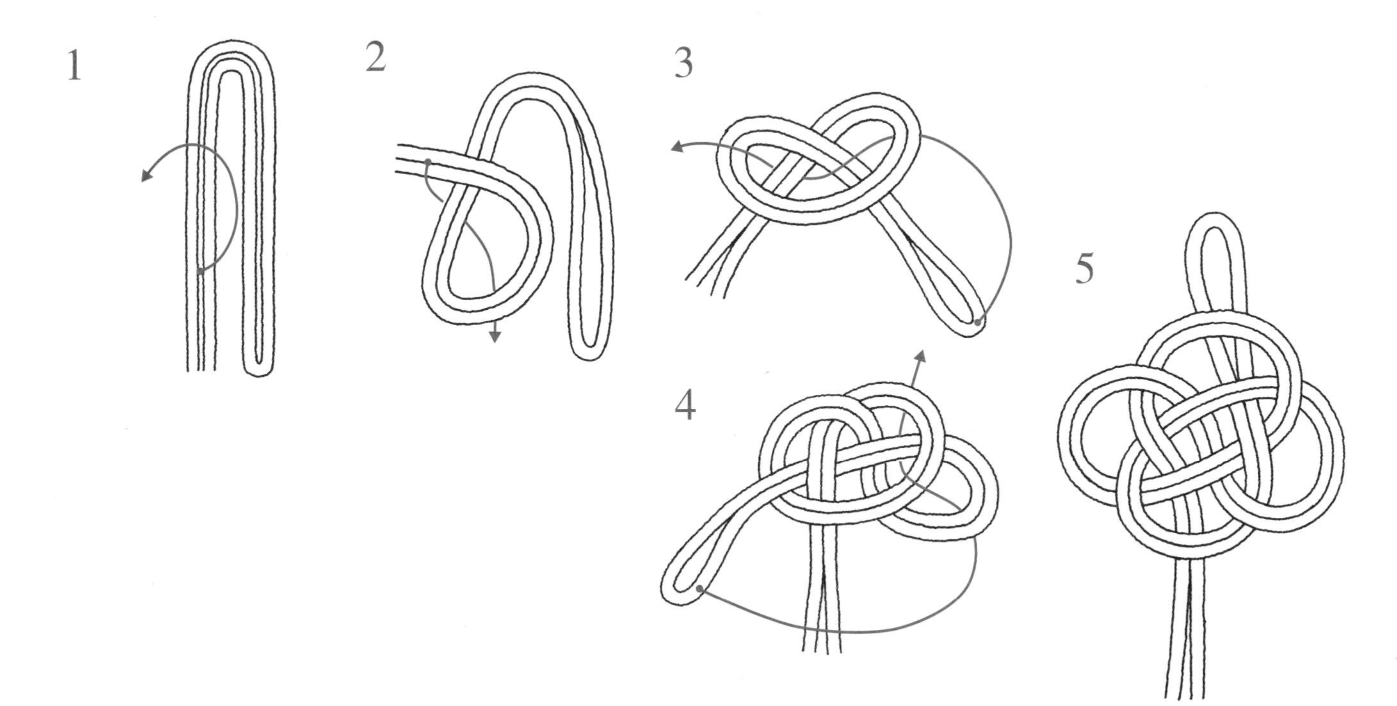

图书在版编目（CIP）数据

唯美雅致的手编绳结 /（日）田中年子著；王靖宇译. -- 石家庄：河北科学技术出版社，2013.9（2016.3 重印）
ISBN 978-7-5375-6243-0

Ⅰ.①唯… Ⅱ.①田… ②王… Ⅲ.①绳结－手工艺品－制作 Ⅳ.①TS935.5

中国版本图书馆 CIP 数据核字 (2013) 第 180410 号

唯美雅致的手编绳结

[日]田中年子　著　　王靖宇　译

策划制作：北京书锦缘咨询有限公司（www.booklink.com.cn）
总 策 划：陈　庆
策　　划：邵嘉瑜
责任编辑：杜小莉
版式设计：季传亮

出版发行　河北科学技术出版社
地　　址　石家庄市友谊北大街330号（邮编：050061）
印　　刷　天津市蓟县宏图印刷有限公司
经　　销　全国新华书店
成品尺寸　210mm × 260mm
印　　张　6
字　　数　80千字
版　　次　2013年10月第1版
　　　　　　2016年3月第6次印刷
定　　价　32.80 元